U0163211

城市自然故事 北京

在郊野

刘几凡 余明伟 著

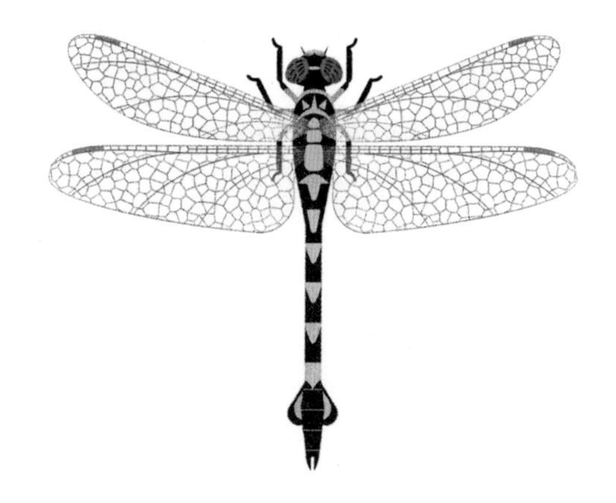

北京联合出版公司
Beijing United Publishing Co.,Ltd.

专家审校：刘 莹

科学顾问团队

哺乳动物：猫 盟
张劲硕
鸟 类：关翔宇
黄瀚晨
王瑞卿
张 瑜
昆 虫：王思一
两 栖 类：张钧铎
爬 行 类：张钧铎
植 物：李永浩
潘 勃
余天一

推荐语

人类乃动物界之一物种，居城市或乡村，与我等伴生者尚有蜂蝶蚁、蛇蛙龟、雀鸦鹊、蝠鼬猬。生命与环境之联系即生态也，城市生态系统之于人类至关重要！城市并非仅是车水马龙、喧嚣嘈杂，更应蛙噪蝉鸣、鸟语花香。两位“帅真”作者，人居关怀，洞察秋毫，标新美术，卓尔不群；他们为您展现了一个熟悉却又未知的城市及其生态！是为荐。

——国家动物博物馆研究馆员、科普策划总监 张劲硕 博士

要想成为一名多知多懂的自然爱好者，最好的办法就是从自己城市的生物认起。这本书涵盖了北京能见到的各种常见生物，讲解清楚，绘画舒服，是北京孩子的福音。我小时候要是有这本书该多幸福。

——《博物》杂志策划总监 张辰亮

这是一套非常的优秀科普作品。它立足于北京市，展现了郊野、公园和我们社区周边的常见动植物，对实地自然观察有切实的指导作用。书的内容丰富有趣，对动物行为的描绘生动而细腻，妙趣横生。特别值得一提的是，这套书的绘图与版面设计特别精美，除了带给人自然知识，还能给人以审美享受。

——《博物》杂志内容总监 刘莹

我每年都会去很多国家买很多书，尤其是自然科普类，当国家地理的编辑把这本书放到我面前的时候，我的第一反应就是……买！此书的插画风格和设计皆属上乘，绝不输国外的优秀自然科普书籍。

——微博@闲人王昱珩，生活家、自由设计师、南极大使 王昱珩

说到城市，大家想到的必然是繁华的大街上车水马龙，钢筋水泥的丛林里霓虹闪烁。作为一个在北京胡同里土生土长的孩子来说，现在的城市和以前完全不同。记得小时候，春天的胡同里穿梭着衔泥筑巢的家燕，夏天的什刹海柳树上蝉鸣阵阵，秋夜老墙缝里的蟋蟀吸引了打着手电的小伙伴们，冬日的墙根下黄鼬会留下觅食的踪迹。

难道现在就真的感受不到了吗？其实仔细观察、细细体会，我们不难发现，那些坚强的生命依旧在现代化的都市中生生不息。

一套《城市自然故事》带你去了解身边的自然，回味童年往事，更是治疗“自然缺失症”的“一剂良药”！

——二宝-杨毅

如何阅读这本书

“城市自然故事·北京”系列第三册《在郊野》讲述关于北京郊野的物种知识及自然故事。第一章故事发生在城市荒地中，描绘了荒地世界里的野花世界；第二章讲述了荷塘中的蛙类和昆虫，展示了狭口蛙和碧伟蜓的一生；第三章故事发生在山间溪流里，解密了北京的鱼类品种及它们的生活方式；第四章盘点了北京山林里的各种动物；第五章描绘了山林四季的变化，以及动物们在山林间的生活。

本书设计了多种不同类型的页面样式：章节页、物种大全页、物种档案页、物种表格、索引页和知识超链接卡片，为全面展示物种知识提供丰富的角度。

章节页

每个新篇章的开始，都是一幅精美的场景画面。描绘了每一章的故事背景。这些动植物故事都真实地在这里发生。

物种大全

物种大全汇聚了北京地区不同生境的生物种类及观察要领。掌握它们的知识后，不妨去户外逐一寻找吧！

物种档案

物种档案采用数据可视化的方式，展示物种基本信息，包括学名、形态、时间和地域等信息。在进行自然观察时，这些数据信息会帮你更好地辨识物种。

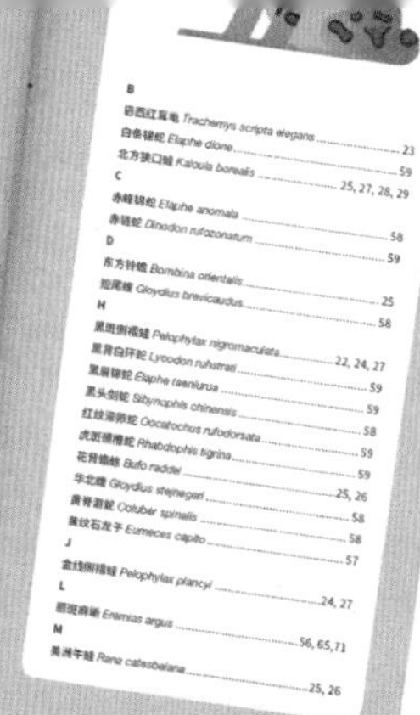

索引

索引页有每本书提到的所有物种，通过它可以快速找到想要了解的物种和它们背后有趣的故事。

知识超链接

每一个物种，都有专属的知识超链接。根据每个知识超链接的指引跳转，可以轻松找到下一个同类物种的知识超链接板块。

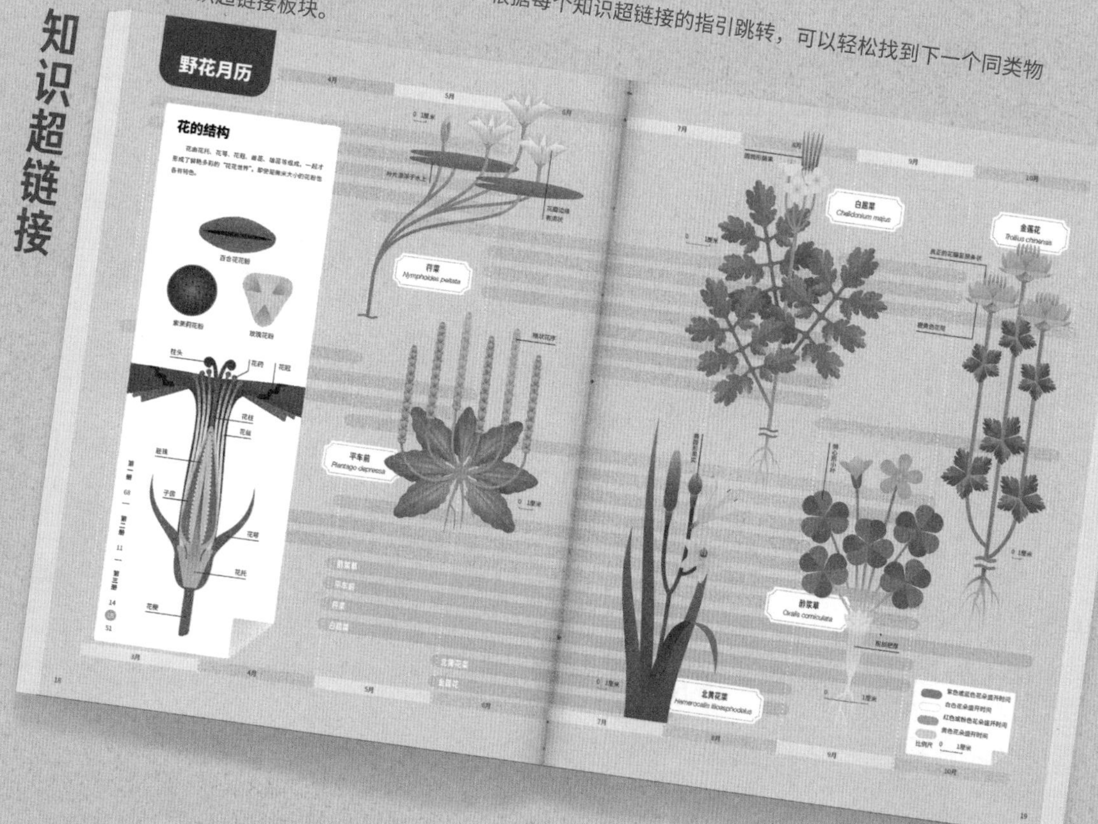

物种图表

物种图表以信息可视化的方式直观地展现一大类物种的详细数据。提供了可供查阅参考的实用信息。

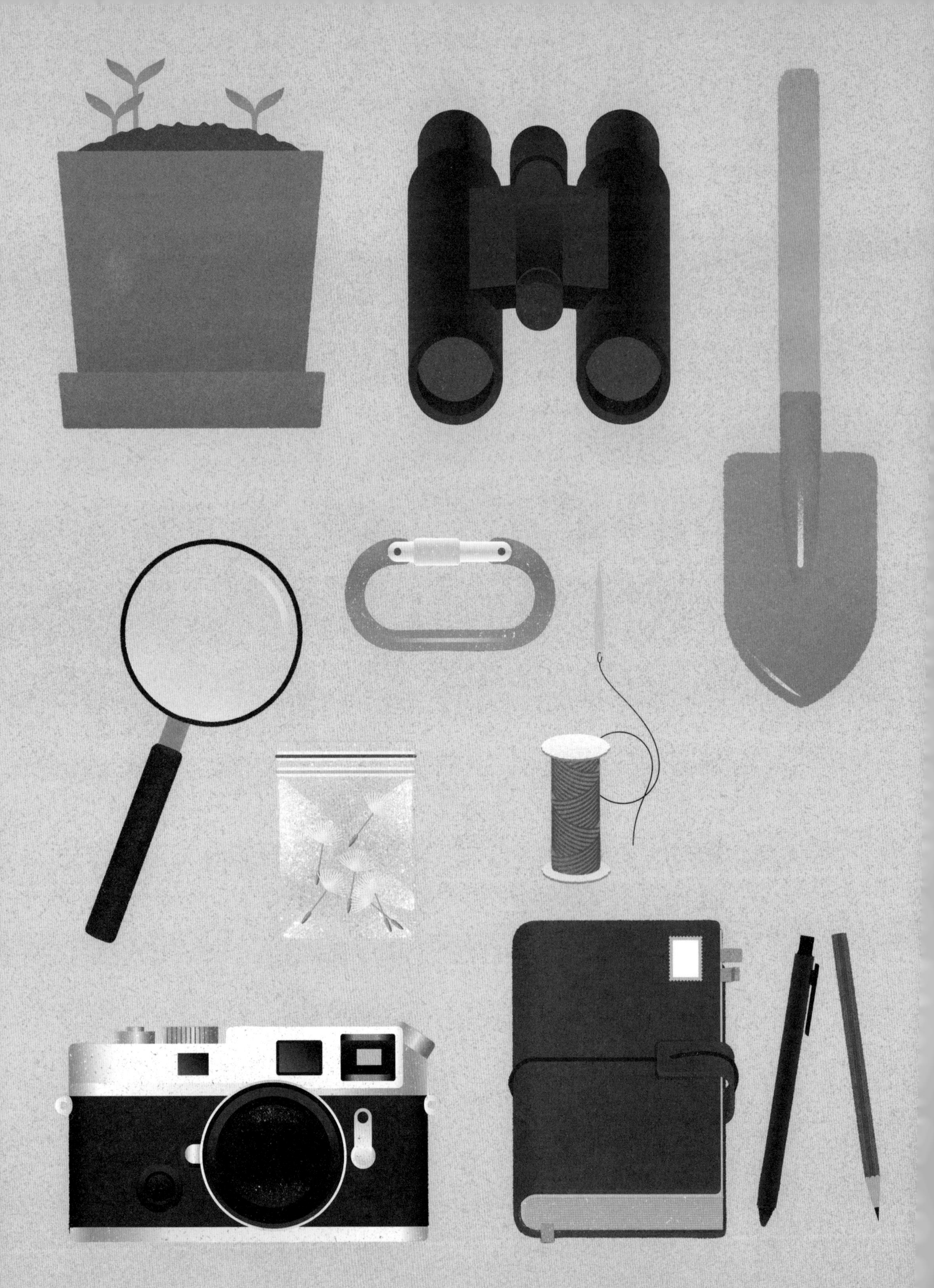

目录

城市荒地生机勃勃

城市荒地是城市中荒废、未建设或待建设的土地。北京是一个一直在建设着的城市，今天的荒地，明天也许就会开始兴建高楼大厦。

但在这之前，我们可别浪费去荒地“探险”的机会。这里通常会杂草丛生，看上去和绿化带里的园林花卉不同，荒地里的杂草更加蓬勃，且种类很多。

荒地里每平方米的土地上都长着丰富的植物，我们可以观察一下它们的叶子：有的带有锯齿，有的像羽毛，有

的像梭子，还有的呈可爱的小爱心形状……

也许你会感到奇怪：为什么荒地没人播种，却长着这么丰富的植物？为什么在7月看到的一些植物，到了9月就找不到了？看似普通、大片生长的紫色小花，细看却不一样，它们分别是什么？

除了植物，荒地上还生活着很多动物，七星瓢虫、日本弓背蚁、西方蜜蜂、条华蜗牛……

对于城市荒地中的物种而言，明天不是它们要考虑的，在每一个今天尽情生长才是最重要的事情，小小荒地大世界因此而精彩！

一立方米土地

每一捧土壤都是富有生命的。千万不要小看了我们眼前的这片土壤，它也是大千世界。

植物

① **狗尾草** *Setaria viridis*

② **蒲公英** *Taraxacum mongolicum*

③ **荠** *Capsella bursa-pastoris*

④ **酢浆草** *Oxalis corniculata*

⑤ **紫花地丁** *Viola philippica*

⑥ **平车前** *Plantago depressa*

动物

⑦ **黑带食蚜蝇** *Episyrphus balteatus*

⑧ **七星瓢虫** *Coccinella septempunctata*

⑨ **中华斗蟋** *Velarifictorus micado*

⑩ **日本弓背蚁** *Camponotus japonicus*

⑪ **西方蜜蜂** *Apis mellifera*

⑫ **条华蜗牛** *Cathaica fasciola*

⑬ **赤子爱胜蚓** *Eisenia foetida*

土壤能量流

地球表面岩石风化的颗粒状矿物质和微生物、有机质、溶液、气体等物质形成的混合物，就是土壤。各种生物作为生产者、消费者，组成相互关联、错综复杂的食物链，能量就这样从土壤转移到了生物身上。生物死后，又被细菌分解，变成养分被土壤吸收，回归大地，开启又一次循环。

在各种微生物的作用下，土壤才展现出强大的活力。

分解者

真菌、线虫、细菌

生产者

植物、微生物

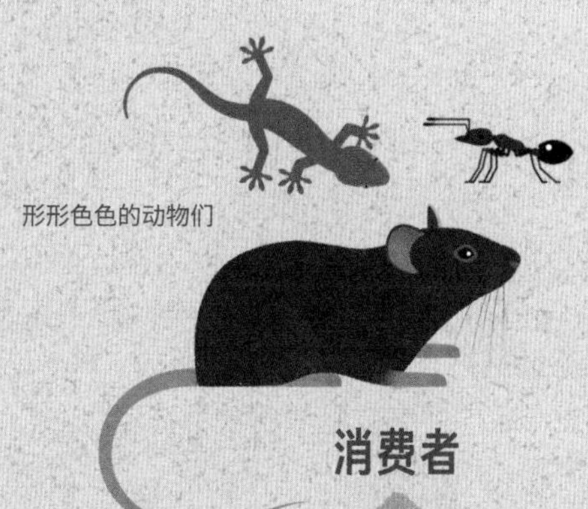

形形色色的动物们

分解者能把植物和动物残体中的有机物分解，再释放到环境中。能量由此回归土壤。

消费者

生产者能进行光合作用，把太阳能或化学能转为有机物供自身使用。植物不仅为各种生物提供生存空间，还可以作为其他生物的食物。不管植物是活着还是死去，都被最大限度地利用。

消费者需要直接或间接利用生产者制造的有机物为食。以植物为食的食草动物属于一级消费者。捕食食草动物的食肉动物为二级消费者，捕食食肉动物的食肉动物则为更高级的消费者。能量就这样从低级消费者向高级消费者流动，最后再通过动物粪便、尸体残骸等形式，回归土壤。

死去的植物

带一捧绿色回家

每一捧看似“安静”的土壤，可能都蕴藏着不同植物的种子，只要有适当的水分和阳光，就能长出“惊喜”。

准备好花盆、铲子，在冬天去小区铲上一盆土吧。等到春天来临，温度回升，再给土壤适当的水分，定时浇灌，不可预知的野花也许就会破土而出。

野花月历

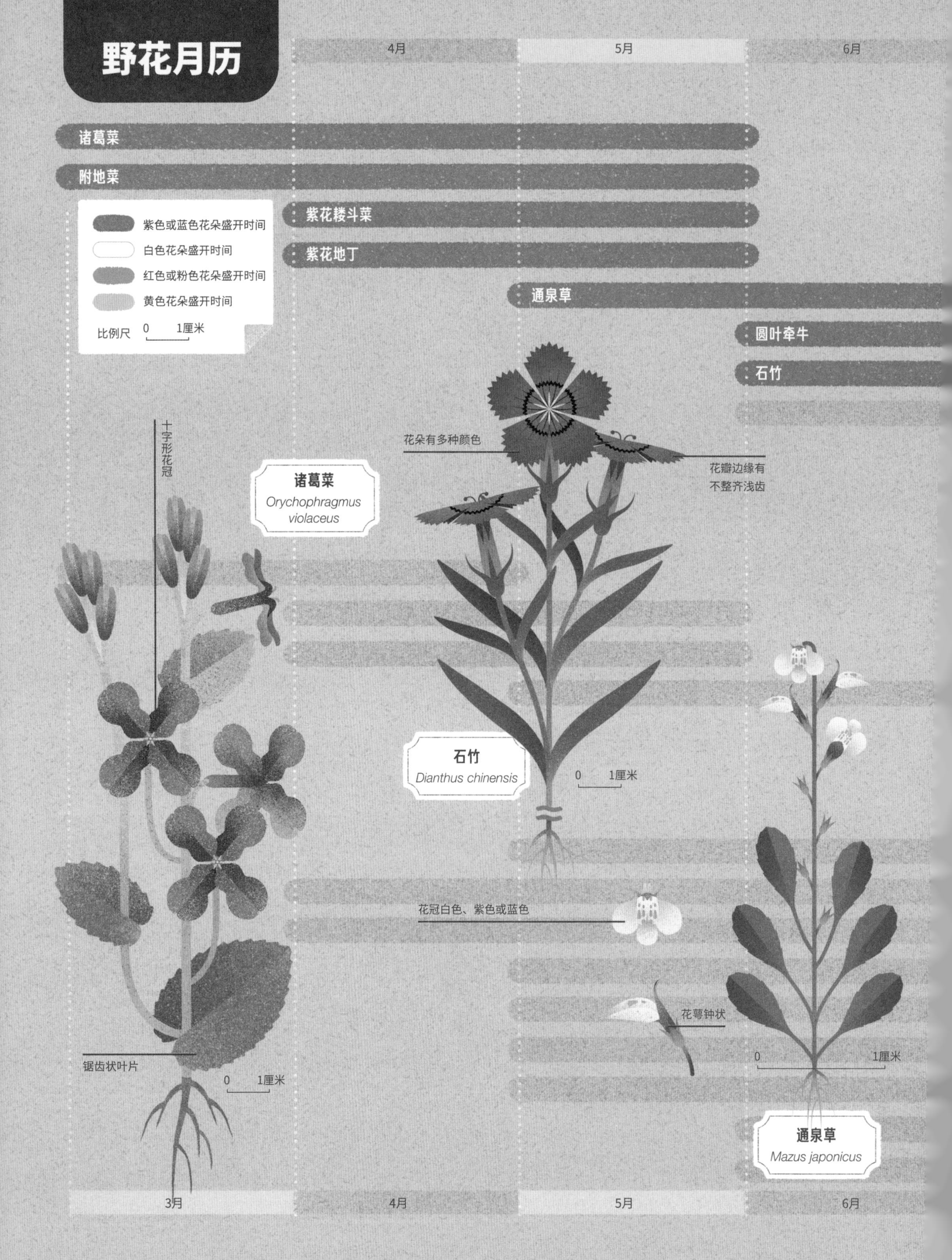

4月
5月
6月
诸葛菜
附地菜
紫色或蓝色花朵盛开时间
白色花朵盛开时间
红色或粉色花朵盛开时间
黄色花朵盛开时间
比例尺 0 1厘米
紫花耧斗菜
紫花地丁
通泉草
圆叶牵牛
石竹
十字形花冠
花朵有多种颜色
花瓣边缘有不整齐浅齿
诸葛菜
Orychophragmus violaceus
石竹
Dianthus chinensis
0 1厘米
花冠白色、紫色或蓝色
花萼钟状
0 1厘米
锯齿状叶片
0 1厘米
通泉草
Mazus japonicus
3月
4月
5月
6月

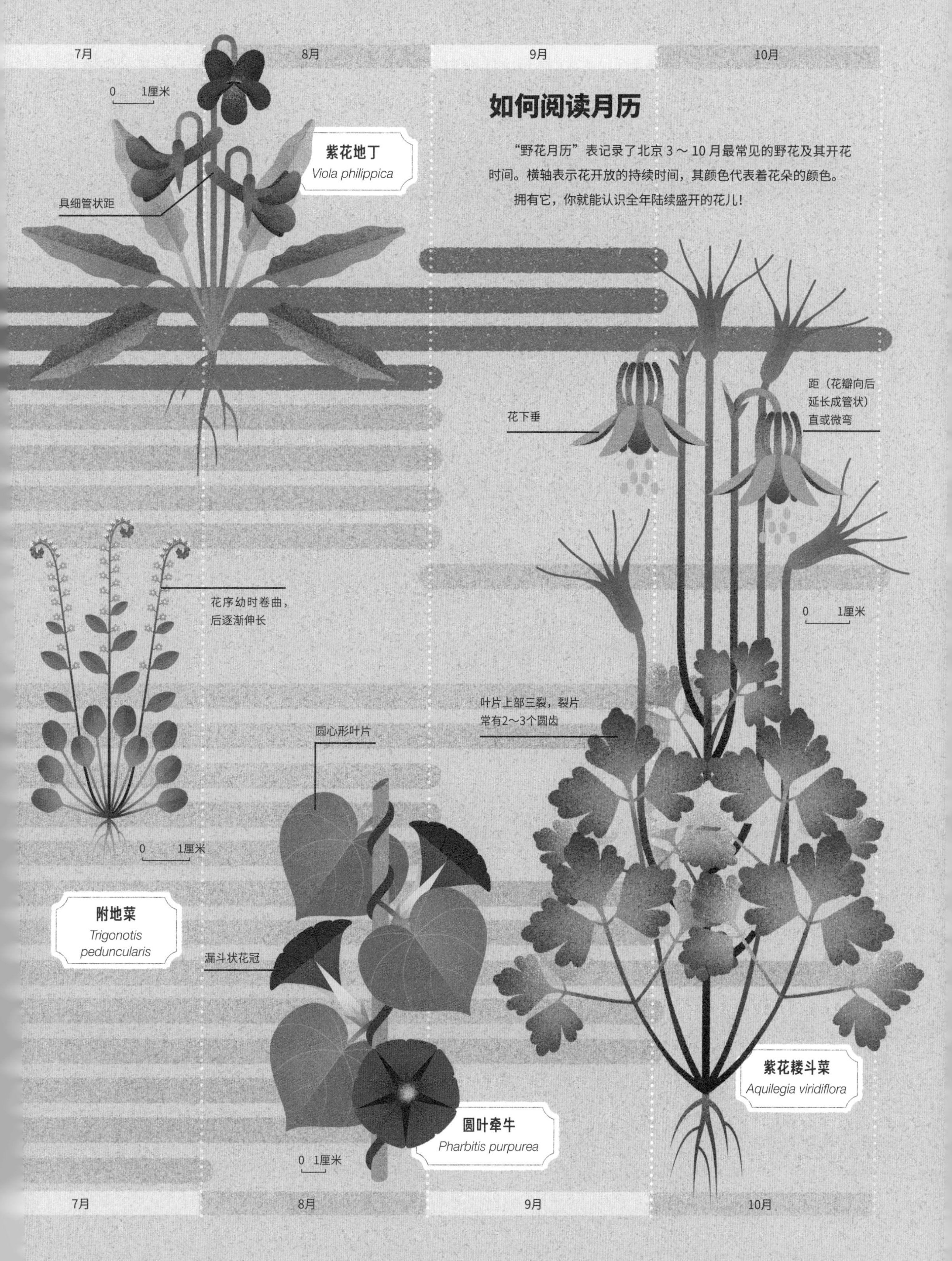

如何阅读月历

“野花月历”表记录了北京 3～10 月最常见的野花及其开花时间。横轴表示花开放的持续时间，其颜色代表着花朵的颜色。

拥有它，你就能认识全年陆续盛开的花儿！

野花月历

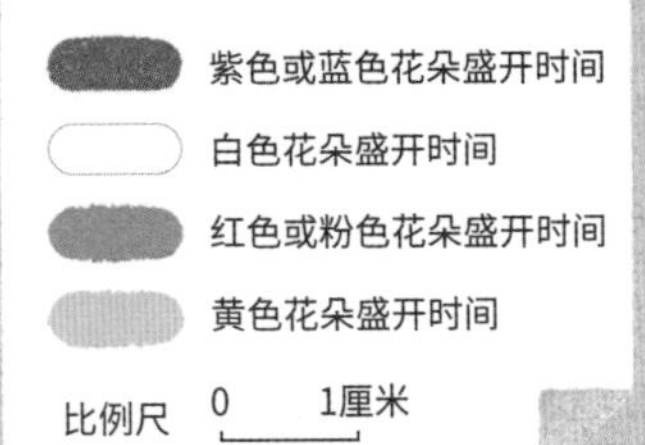

心形果荚

荠

夏至草

荠
Capsella bursa-pastoris

0 1厘米

0 1厘米

蜜蜂眼中的花朵

很多花朵需要靠蜜蜂来传粉，而如何能吸引路过的蜜蜂就看各自的本领了。花朵通过香味、颜色来吸引蜜蜂，但是蜜蜂眼里的花朵和我们看到的花朵是不一样的。蜜蜂能看到的是花朵反射出的紫外线，在蜜蜂眼里，这些紫红色的斑点正是美味的标记。

第一册 68 | **第二册** 11 | **第三册** 14 18 51

我们眼中的
花朵颜色

蜜蜂眼中的
花朵颜色

3月 4月 5月 6月

7月
8月
9月
10月
外花瓣向外翻折
野鸢尾
Iris dichotoma
0 1厘米
桔梗
Platycodon grandiflorus
花枝顶端常常一朵花单生
千屈菜
野鸢尾
野葵
桔梗
荠
下部叶片三片轮生
叶片边缘有锯齿
叶柄根部簇生小花
0 1厘米
野葵
Malva verticillata
0 1厘米
7月
8月
9月
10月

野花月历

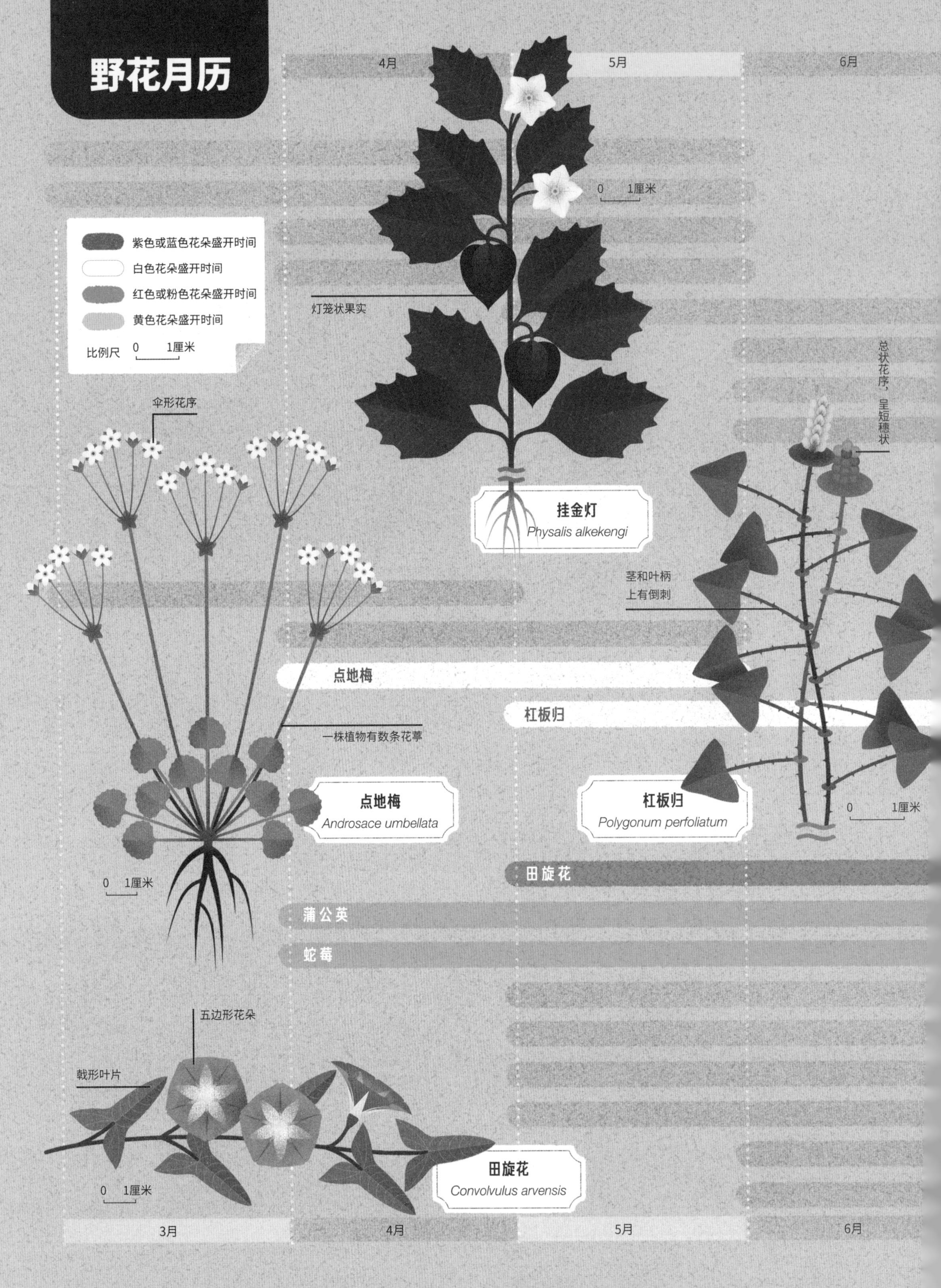

4月
5月
6月
紫色或蓝色花朵盛开时间
白色花朵盛开时间
红色或粉色花朵盛开时间
黄色花朵盛开时间
比例尺 0 1厘米
0 1厘米
灯笼状果实
挂金灯
Physalis alkekengi
伞形花序
总状花序，呈短穗状
茎和叶柄上有倒刺
点地梅
杠板归
一株植物有数条花葶
点地梅
Androsace umbellata
杠板归
Polygonum perfoliatum
0 1厘米
0 1厘米
田旋花
蒲公英
蛇莓
五边形花朵
戟形叶片
0 1厘米
田旋花
Convolvulus arvensis
3月
4月
5月
6月

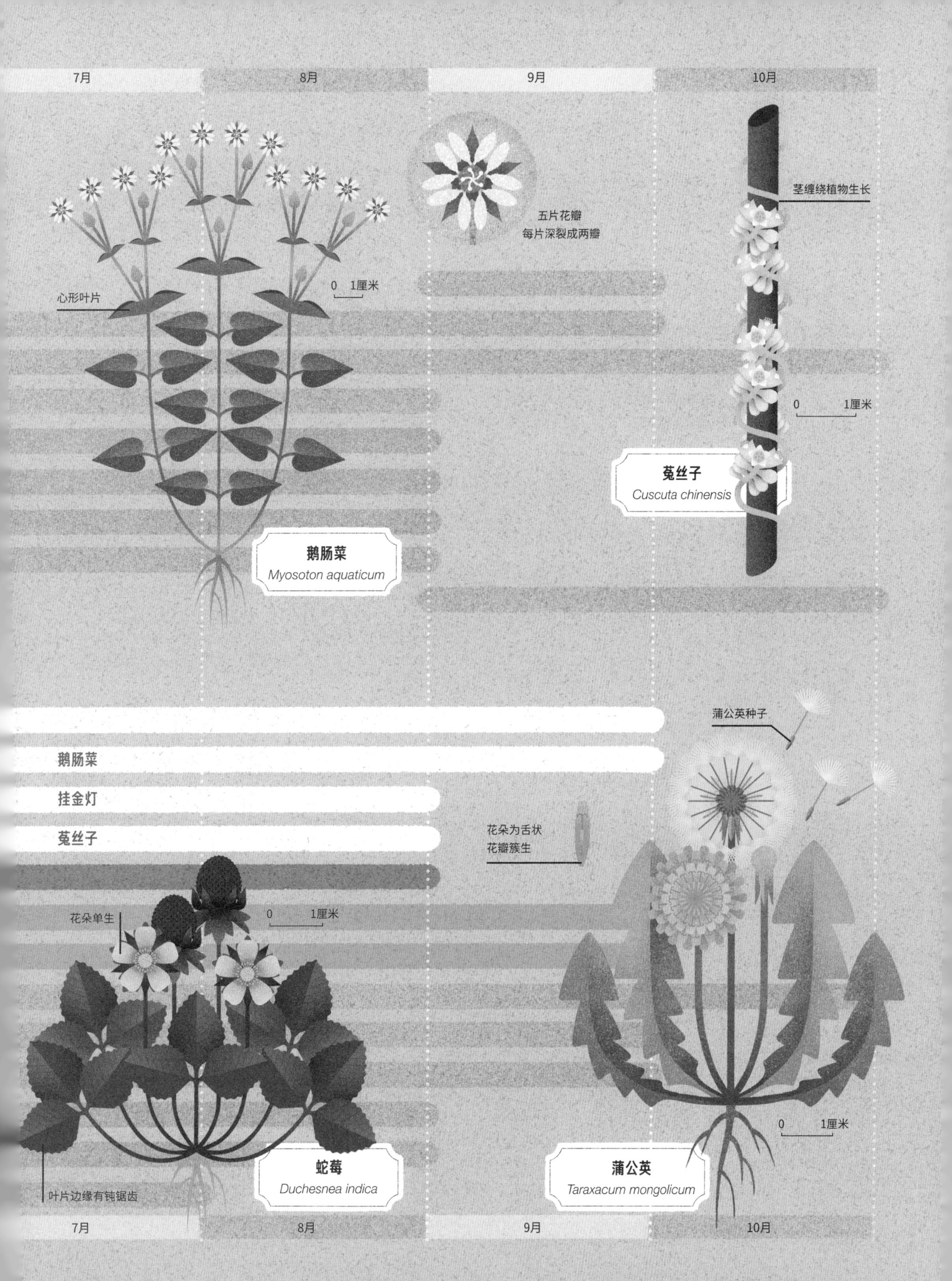
7月
8月
9月
10月
五片花瓣
每片深裂成两瓣
茎缠绕植物生长
心形叶片
0 1厘米
0 1厘米
菟丝子
Cuscuta chinensis
鹅肠菜
Myosoton aquaticum
蒲公英种子
鹅肠菜
挂金灯
菟丝子
花朵为舌状
花瓣簇生
花朵单生
0 1厘米
0 1厘米
蛇莓
Duchesnea indica
蒲公英
Taraxacum mongolicum
叶片边缘有钝锯齿
7月
8月
9月
10月

4月 5月 6月

花的结构

花由花托、花萼、花冠、雌蕊、雄蕊等组成，一起形成了鲜艳多彩的“花花世界”。即使是微米大小的花粉也各有特色。

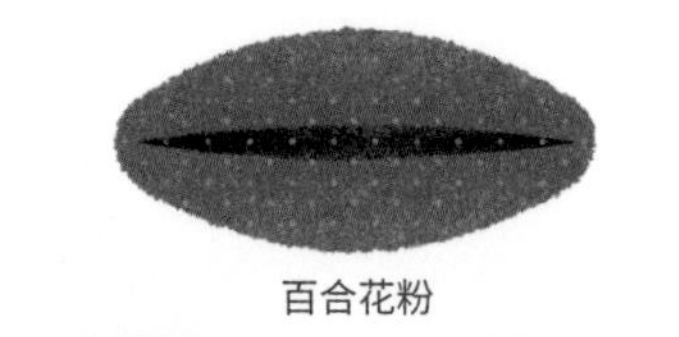
百合花粉

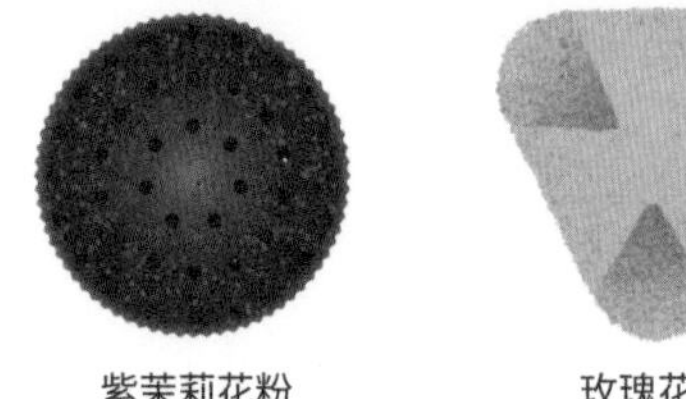
紫茉莉花粉　玫瑰花粉

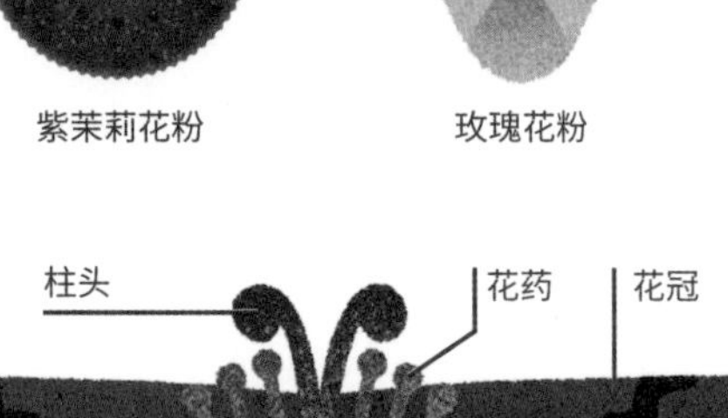

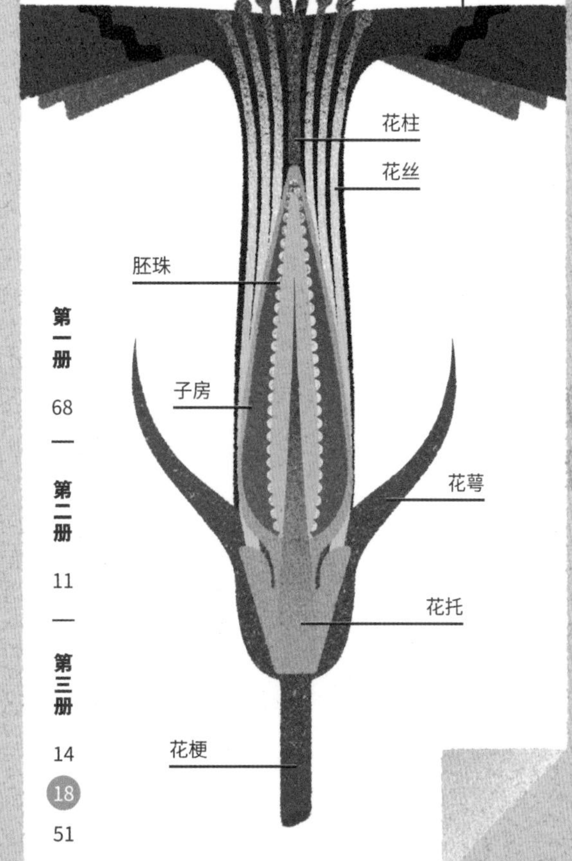

0 1厘米

叶片漂浮于水上

花瓣边缘有须状

荇菜
Nymphoides peltata

穗状花序

平车前
Plantago depressa

0 1厘米

酢浆草
平车前
荇菜
白屈菜
北黄花菜
金莲花

3月 4月 5月 6月

第一册 68 — 第二册 11 — 第三册 14 18 51

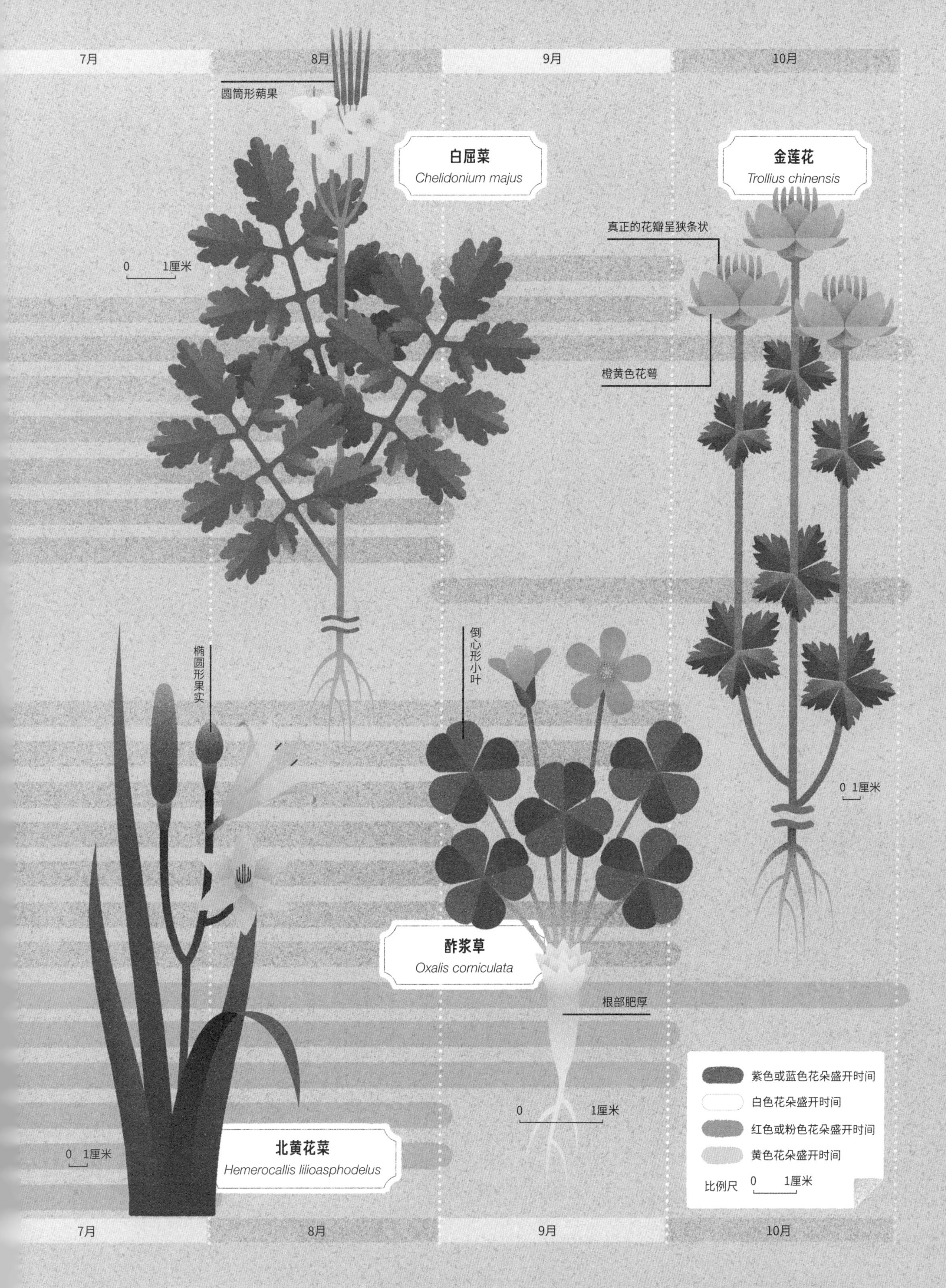
7月
8月
9月
10月
圆筒形蒴果
白屈菜
Chelidonium majus
0 1厘米
金莲花
Trollius chinensis
真正的花瓣呈狭条状
橙黄色花萼
0 1厘米
椭圆形果实
倒心形小叶
酢浆草
Oxalis corniculata
根部肥厚
0 1厘米
紫色或蓝色花朵盛开时间
白色花朵盛开时间
红色或粉色花朵盛开时间
黄色花朵盛开时间
比例尺 0 1厘米
0 1厘米
北黄花菜
Hemerocallis lilioasphodelus
7月
8月
9月
10月

如何制作植物标本

制作标本的工具

铲子

吸水纸

桃胶水
（植物胶水）

自封塑料袋

棉线

厚卡纸

相框

制作步骤

采集标本

选择品相良好的植株，采集时避免折断花叶和根茎。采集后须对标本进行清洗，去除根系上的土壤。选择那些根叶少汁的植物，能够提高标本制作的成功率。

干燥标本

清洗完毕的标本需要完全干燥。使用 2～3 层吸水纸夹住标本。可根据植物的含水量调整压制时间，1～4 周不等。压制初期，常常需要一天更换 1～2 次吸水纸，然后逐渐减少更换次数，直到标本完全干燥。

压制标本

将干燥后的植物包裹好吸水纸后，取重物压制，一定要确保植物平整铺开再放置重物。压制标本要避免阳光直射。

装裱标本

压制完毕后，就可将植物固定在厚卡纸上。选用白色或米色厚卡纸作为衬底固定植物，一同装入自封塑料袋中，或用玻璃相框装裱起来。植物标本的制作就大功告成啦！

细碎不好固定的部分，如种子、花朵，可以用自封塑料袋装起来，粘贴在卡纸上

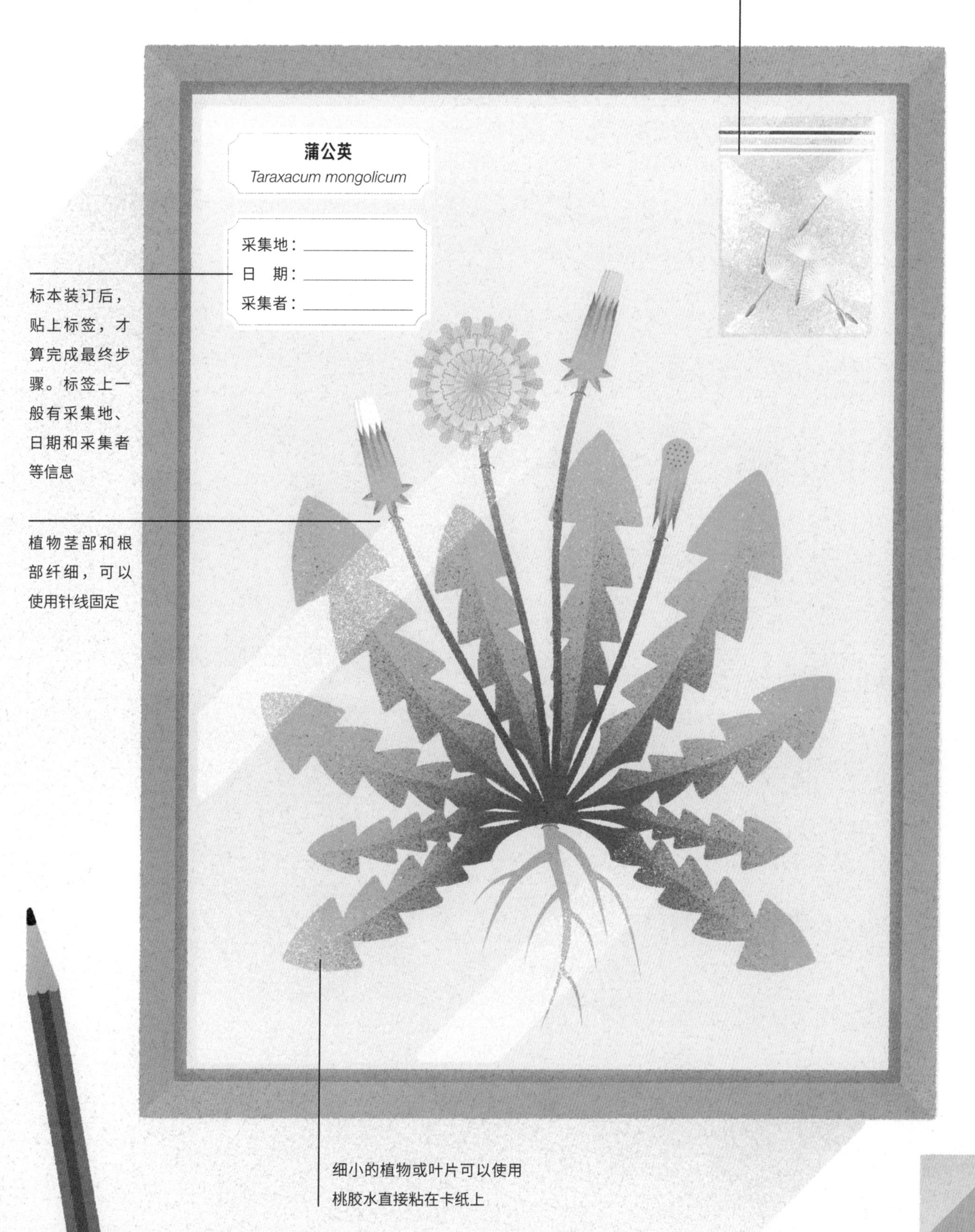

标本装订后，贴上标签，才算完成最终步骤。标签上一般有采集地、日期和采集者等信息

植物茎部和根部纤细，可以使用针线固定

细小的植物或叶片可以使用桃胶水直接粘在卡纸上

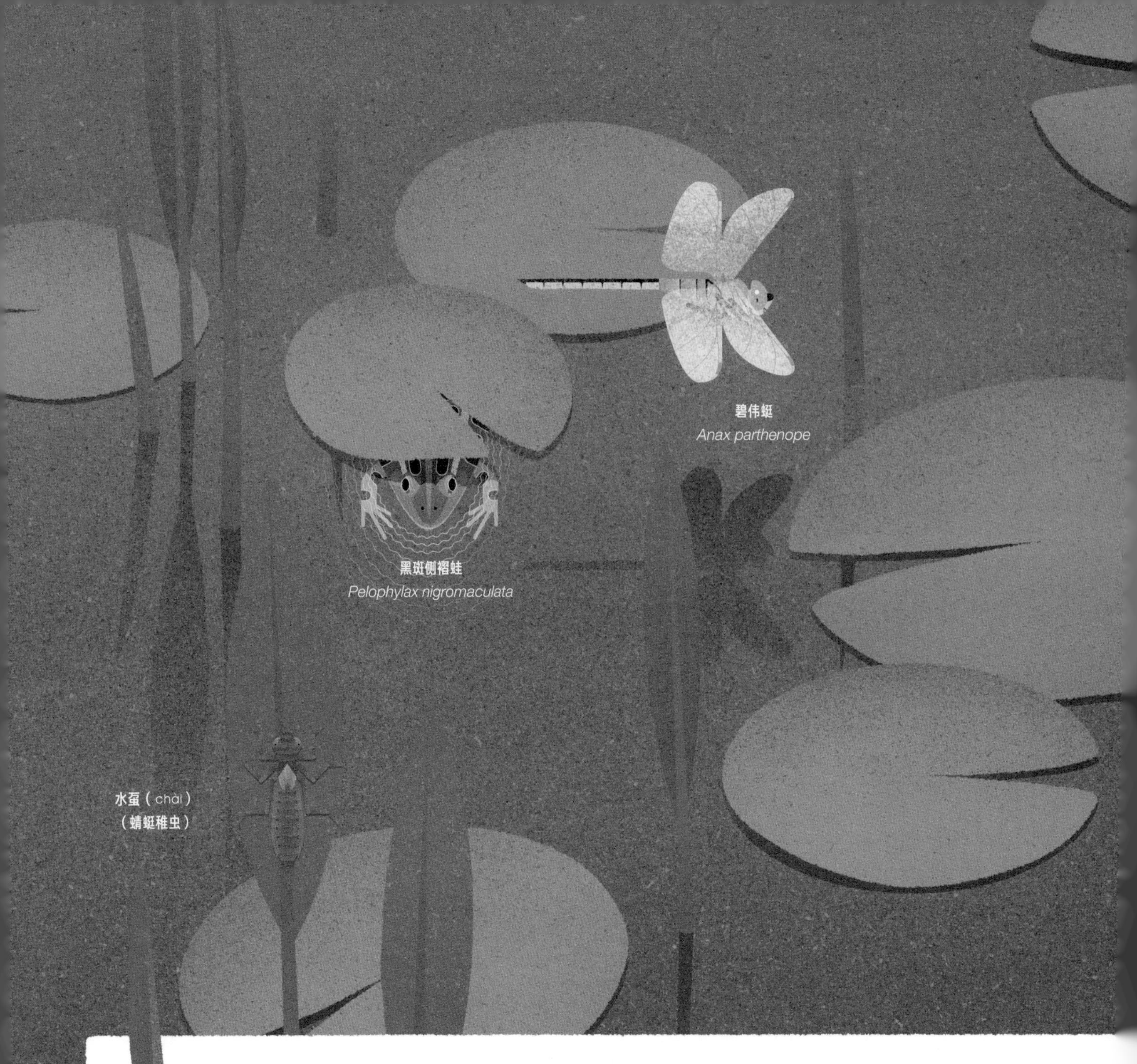

荷塘真热闹

夏天的荷塘如同一幅充满禅意的画卷，微风吹过水面，荷叶泛起涟漪；水面上方，一只碧伟蜓快速地掠过；藏在荷叶下面的蛙发出阵阵鸣叫，浓浓的夏日气息扑面而来。荷塘下，从水面到水底都有动物在活动，充满生机和活力。

圆臀大黾蝽成群移动，形成圈圈点点的涟漪，如同雨滴落在水面上。可能你会觉得这个名字很陌生，但是只要一说起“大水蚊”，就会觉得十分熟悉了。这不就是在荷塘水面上最常看见的小昆虫吗！

蜻蜓在荷塘上空掠过，飞快的速度和轻巧的身姿让人很难将它们看清楚。但是在这群飞翔的“小精灵”中，作为蜻蜓中的“大块头”，碧伟蜓很容易被辨认出来。

走近荷塘，你的耳朵会被热闹的“多重唱”包围，

石田螺
Sinotaia quadrata

那是荷塘里的“大歌唱家”——蛙在“唱歌”。蛙类家族俨然是一个高、中、低音配套完整的“歌唱团”，参加表演的有林蛙、侧褶蛙、北方狭口蛙等，空气从它们的腹腔里冲出，振动声带，发出响亮的蛙鸣，共同演奏出一场声势浩大的交响乐。

大自然总是这么神奇，蛙在歌唱，蜻蜓在飞舞，昆虫在水面跳跃，组成了一场无须门票却又丰富多彩的“音乐舞台剧”。你只需要在盛夏的时候来到郊外，偶遇的每一个荷塘都能欣赏到这样的视听盛宴。

那么，还等什么呢？

蛙类大集结

中国林蛙 *Rana chensinensis*

观察地点： 北京山区水域皆有分布

观察要点： 背部呈棕黄色或灰褐色，两侧鼓膜处有明显的深色斑块，四肢长有黑褐色横斑

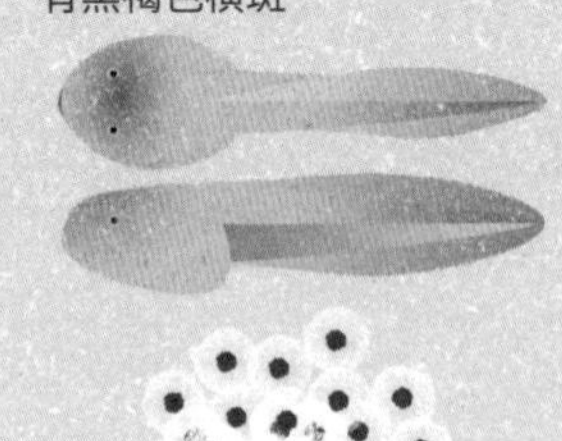

金线侧褶蛙 *Pelophylax plancyi*

观察地点： 北京郊区水域，市内多见于圆明园

观察要点： 背部呈青绿色，背部中间带一条浅绿色的中线，两侧长有两条黄褐色背侧褶

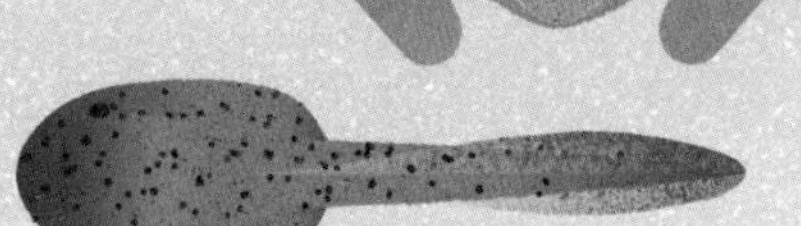

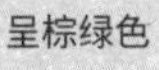

黑斑侧褶蛙
Pelophylax nigromaculata

观察地点： 北京城区以及山区皆有分布

观察要点： 背部有许多大小不一的黑斑

黑斑侧褶蛙体色多变，从黄绿色到浅褐色不等

蟾蜍科

中华蟾蜍
Bufo gargarizans

观察地点：
北京各水域皆有

观察要点：
体型较大，呈黑色、深绿色或土黄色，全身布满疣粒，皮肤分泌毒素

* 中华蟾蜍与1元硬币的大小比较

蛙科

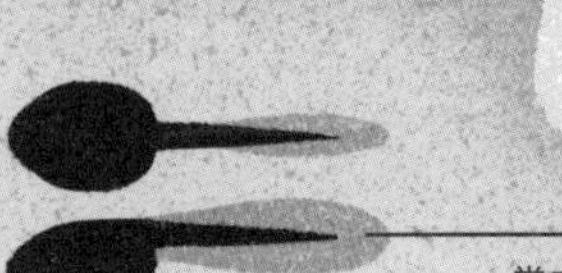

常成群出现在池塘，是最常见的蝌蚪

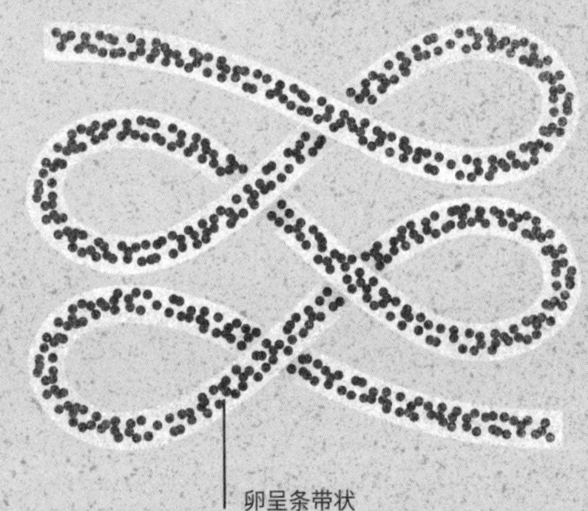

卵呈条带状

美洲牛蛙 *Rana catesbeiana*

观察地点：北京地区偶尔可见，均是人为放生或从饭店逃逸的个体

观察要点：体型巨大，背部呈青绿色，带有深色斑点。头部宽大，憨态可掬。叫声似牛，声音很大

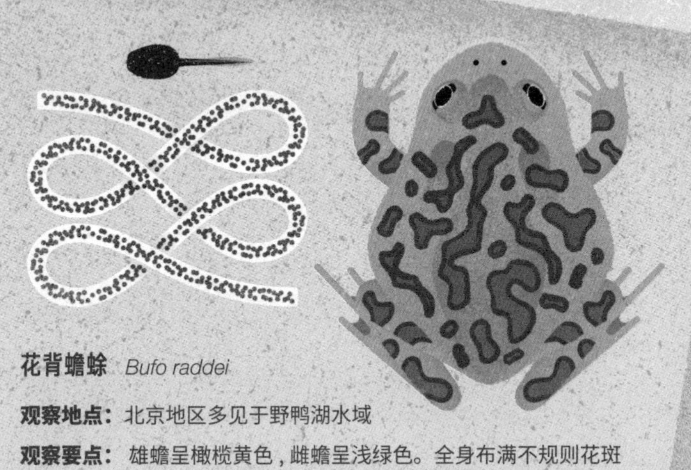

花背蟾蜍 *Bufo raddei*

观察地点：北京地区多见于野鸭湖水域

观察要点：雄蟾呈橄榄黄色，雌蟾呈浅绿色。全身布满不规则花斑

铃蟾科

东方铃蟾 *Bombina orientalis*

观察地点：北京地区多见于西山、百望山、北京植物园

观察要点：全身遍布刺疣和黑斑，腹部有鲜艳警戒色

姬蛙科

北方狭口蛙 *Kaloula borealis*

观察地点：多见于北京雨后的水洼处

观察要点：体型较小，背部呈棕褐色，背部及四肢上部有棕黑色斑块

听取蛙声一片

荷塘是这群"歌唱家"最好的舞台。它们或昂首挺胸站在荷叶上，或害羞地躲在荷叶下，或悄悄地浮在水面上。它们不断鸣叫，卖力地在这舞台上表演着"多重唱"，此起彼伏，悦耳动听。

美洲牛蛙
Rana catesbeiana

美洲牛蛙的叫声低沉响亮，凭借着腹腔和单咽下外声囊，牛蛙能发出响亮的叫声，传播甚远。

花背蟾蜍
Bufo raddei

蛙类的发声

荷塘里的蛙儿们鼓足力气放声歌唱，一整夜都不会停歇。让我们来一探它们歌声的秘密吧。

事实上蛙类并不是通过鼓起的声囊来发声，而是通过声带发声，声囊只是声音的共鸣腔，能够放大蛙的鸣叫声。声囊又分为两种基本类型：外声囊和内声囊。外声囊是由皮肤扩展而形成的，内声囊是由肌肉皱褶向外凸出而形成的双壁结构。根据声囊的位置和数量，外声囊还可以分为单咽下外声囊、双咽下外声囊、双咽侧外声囊；内声囊也可以分为单咽下内声囊和双咽侧内声囊。只有雄蛙才有声囊，雌蛙没有声囊，只有声带，因此雌蛙的叫声不如雄蛙的响亮。

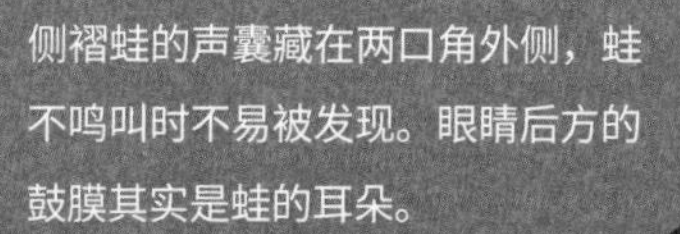

侧褶蛙的声囊藏在两口角外侧，蛙不鸣叫时不易被发现。眼睛后方的鼓膜其实是蛙的耳朵。

黑斑侧褶蛙
Pelophylax nigromaculata

北方狭口蛙
Kaloula borealis

金线侧褶蛙
Pelophylax plancyi

金线侧褶蛙
Pelophylax plancyi

中国林蛙
Rana chensinensis

第一册 50 — 第三册 26

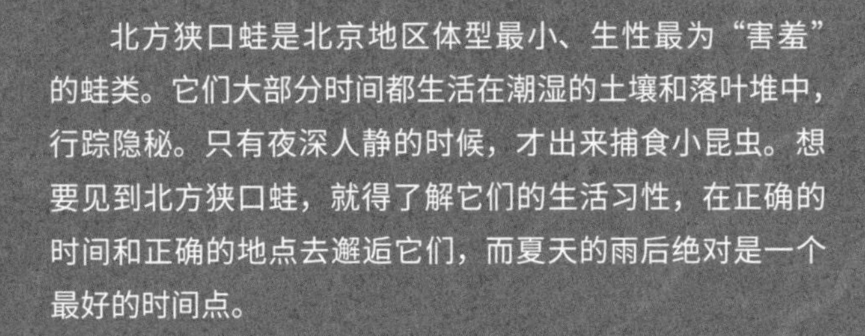

北方狭口蛙是北京地区体型最小、生性最为“害羞”的蛙类。它们大部分时间都生活在潮湿的土壤和落叶堆中，行踪隐秘。只有夜深人静的时候，才出来捕食小昆虫。想要见到北方狭口蛙，就得了解它们的生活习性，在正确的时间和正确的地点去邂逅它们，而夏天的雨后绝对是一个最好的时间点。

♂

抱对的北方狭口蛙“夫妇”

♀

漂浮在池塘的卵群

北方狭口蛙

Kaloula borealis

“气鼓鼓”的狭口蛙

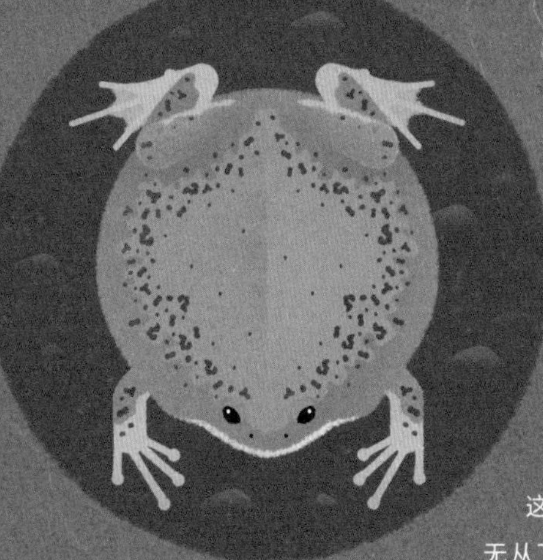

北方狭口蛙体形圆胖，不擅跳跃。遇到危险时，它们会奋力吸气，使自己的身体胀大一倍。这种防御策略能够让捕食者无从下口，从而躲过一劫。

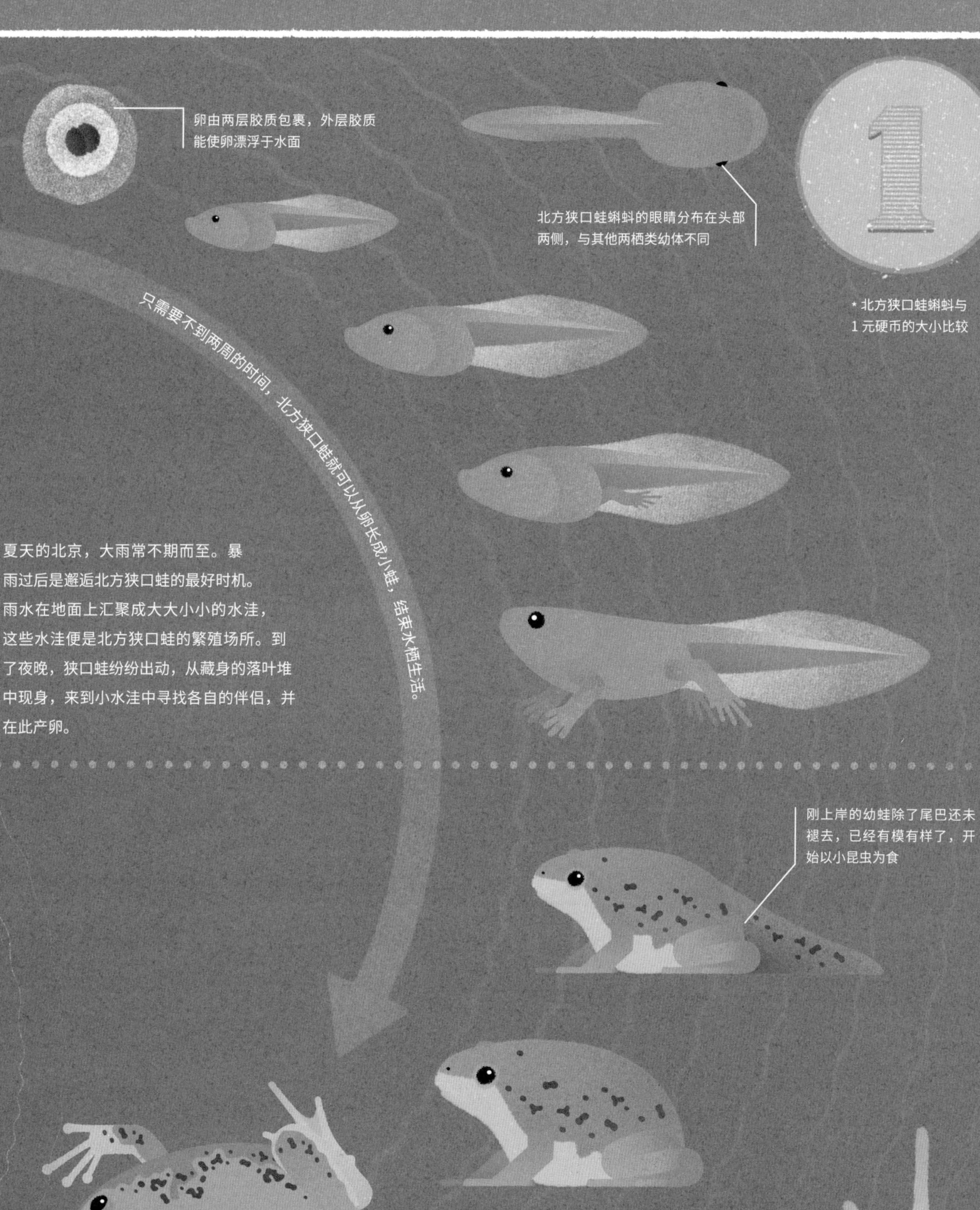

夏天的北京，大雨常不期而至。暴雨过后是邂逅北方狭口蛙的最好时机。雨水在地面上汇聚成大大小小的水洼，这些水洼便是北方狭口蛙的繁殖场所。到了夜晚，狭口蛙纷纷出动，从藏身的落叶堆中现身，来到小水洼中寻找各自的伴侣，并在此产卵。

狭口蛙的足

北方狭口蛙的后肢非常特别，有一块凸起的“肉垫”，被称为内跖突。内跖突如同铲子一般，非常适合推土挖洞。

后肢内跖突如同铲子

水中昆虫

池塘是一个充满生机的地方，只要仔细观察，就能发现水生昆虫的身影。在波光粼粼的水面下，或鹅卵石底，隐藏着许多“游泳健将”。有的昆虫在这里练就了“轻功水上漂”，有的在这里学会了潜泳，有的把这里当成了生命的摇篮，有的在这里设置了捕食的陷阱……

尖突水龟虫 *Hydrophilus acuminatus*

成年尖突水龟虫无法在水下呼吸，会将空气收于腹部下方，如同携带氧气瓶。

习性特征： 水龟虫的幼虫和成虫均生活在水中，成虫以各种藻类为食，幼虫则是肉食性

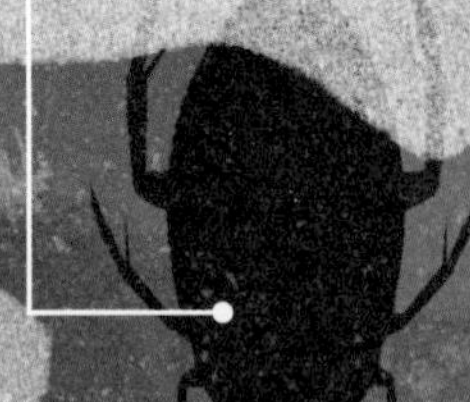

中华螳蝎蝽 *Ranatra chinensis*

因为形似螳螂，中华螳蝎蝽被戏称为“水螳螂”。平日躲藏在水下，身体后方有着长长的呼吸管，通过将呼吸管露出水面来获取氧气。

习性特征： 喜欢在静水水域的水草间以守株待兔的方式觅食，并用其刺吸式口器吸食猎物的体液

叉蜻 Nemouridae spp.

叉蜻又被称为石蝇（整个襀翅目的昆虫都俗称“石蝇”），只分布在水质良好的河谷溪流中，是水质的“检测器”。

习性特征：

通常不会远离水体。其稚虫以藻类及水生植物、有机质为食

大田鳖 *Kirkaldyia deyrollei*

大田鳖体型巨大，是水下世界最凶猛的掠食性昆虫。大田鳖能够分泌消化液将猎物溶解后吸食。千万要小心别被它们咬上一口，这些消化液对人体同样有害。

习性特征： 喜欢生活在水中，有趋光性。捕猎方式与中华螳蝎蝽相似

石蛾 *Trichoptera spp.*

石蛾是毛翅目昆虫的统称，其幼虫称为石蚕。石蚕生活在水中。

习性特征：石蚕能够利用碎石、贝壳、树枝和树叶等材料建造属于自己的庇护所，因此它们也被称为“水下建筑师”

圆臀大黾蝽 *Aquarius paludum*

圆臀大黾蝽俗称水黾，它的中后足末端有多毛的疏水结构。依靠着中后足和水的张力，圆臀大黾蝽能够在水面上自由移动。

习性特征：大多数时间都喜欢待在水面上，通过猎物在水面活动引起的波动来感知、捕捉猎物

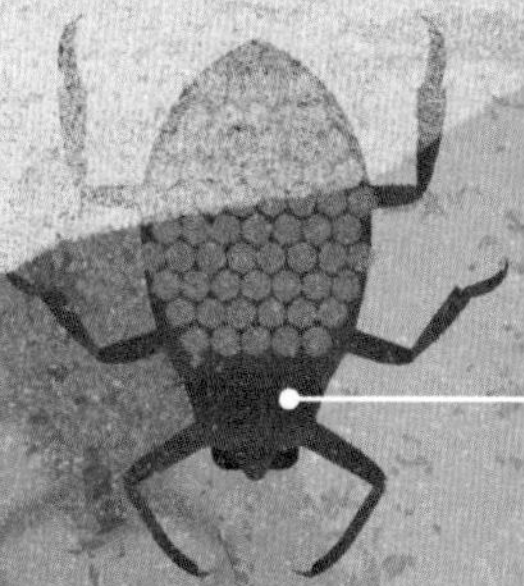

日拟负蝽 *Appasus japonicus*

日拟负蝽是昆虫界尽职的“暖男”，会承担照看宝宝的重任。

习性特征：雌性日拟负蝽会将卵产在雄性背上。为了有利于卵的孵化，雄虫经常游泳至水面或用足划水,使其背后的卵得到充足的氧气

卵圆蝎蝽 *Nepa chinensis*

卵圆蝎蝽的捕捉足常常平行展开，如同一只蹲踞水中的蝎子。

习性特征：卵圆蝎蝽和中华螳蝎蝽同属一科。通常守株待兔，捕食过往的小鱼及水生昆虫

黄缘真龙虱 *Cygister bengalensis*

黄缘真龙虱善于游泳，身体呈流线型。后肢宽大有力，是最好的“双桨”。它是水中游泳最快的昆虫之一。

习性特征：主动出击，擒获猎物。虽然没有大钳，但黄缘真龙虱的口器锋利，让它的猎物望而生畏。

北京常见蜻蜓

北京生活着 60 多种不同的蜻蜓，每到夏季，就能看到它们飞掠水面的身影。你肯定见过不少叫不出名字的蜻蜓，这次不妨来正式认识它们，了解它们的学名和观察要点吧！

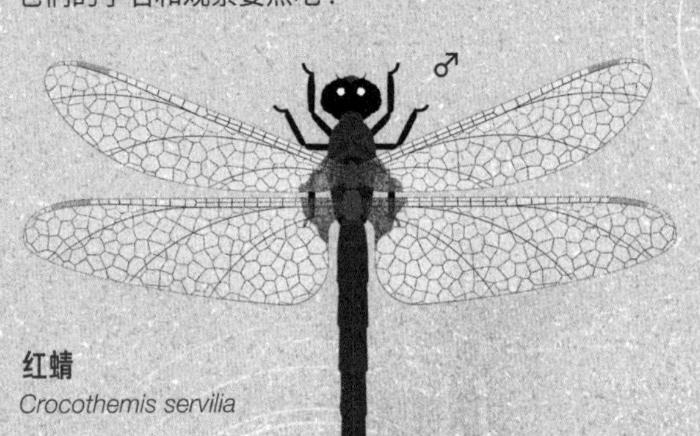

红蜻
Crocothemis servilia

腹　　长： 27 ～ 32 毫米
后 翅 长： 32 ～ 36 毫米
雄性观察要点：
通体红色
雌性观察要点：
通体黄色，腹背面有明显的细黑色条纹

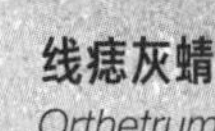

线痣灰蜻
Orthetrum lineostigma

腹　　长： 29 ～ 32 毫米
后 翅 长： 32 ～ 35 毫米
雄性观察要点：
通体灰蓝色
雌性观察要点：
通体深黄色，第一至八腹节侧边有黑色斑，第九节完全黑色

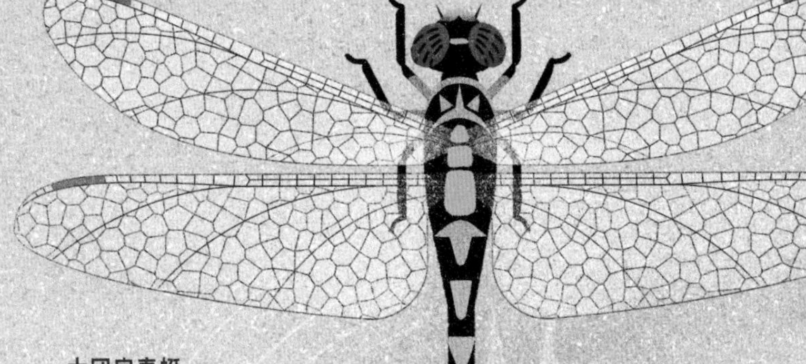

大团扇春蜓
Sinictinogomphus clavatus

腹　　长： 56 ～ 60 毫米
后 翅 长： 45 ～ 49 毫米
雄性观察要点：
腹部呈黑色，带有黄斑。雄性第八腹节侧缘会扩大如扇状
雌性观察要点：
与雄性相似，无扇状腹节

黄蜻
Pantala flavescens

腹　　长： 31 ～ 34 毫米
后 翅 长： 40 ～ 42 毫米
雄性观察要点：
合胸大部分呈黄色，腹部呈黄色偏红
雌性观察要点： 与雄性相似，颜色较淡

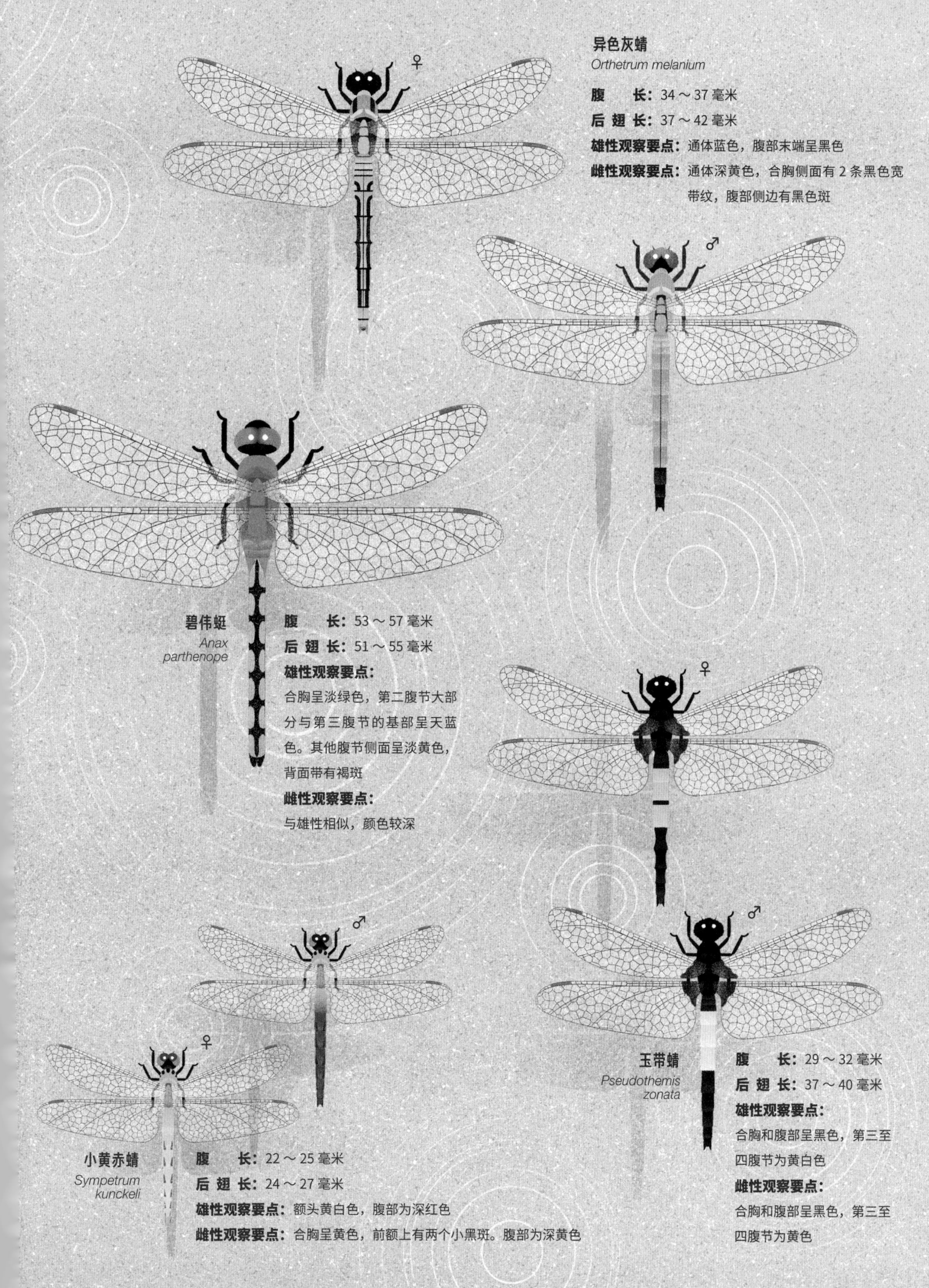

异色灰蜻

Orthetrum melanium

腹　　长： 34～37 毫米

后 翅 长： 37～42 毫米

雄性观察要点： 通体蓝色，腹部末端呈黑色

雌性观察要点： 通体深黄色，合胸侧面有 2 条黑色宽带纹，腹部侧边有黑色斑

碧伟蜓

Anax parthenope

腹　　长： 53～57 毫米

后 翅 长： 51～55 毫米

雄性观察要点：

合胸呈淡绿色，第二腹节大部分与第三腹节的基部呈天蓝色。其他腹节侧面呈淡黄色，背面带有褐斑

雌性观察要点：

与雄性相似，颜色较深

玉带蜻

Pseudothemis zonata

腹　　长： 29～32 毫米

后 翅 长： 37～40 毫米

雄性观察要点：

合胸和腹部呈黑色，第三至四腹节为黄白色

雌性观察要点：

合胸和腹部呈黑色，第三至四腹节为黄色

小黄赤蜻

Sympetrum kunckeli

腹　　长： 22～25 毫米

后 翅 长： 24～27 毫米

雄性观察要点： 额头黄白色，腹部为深红色

雌性观察要点： 合胸呈黄色，前额上有两个小黑斑。腹部为深黄色

蜻蜓的一生

蜻蜓是最古老的昆虫之一。它们的一生要经历 3 个阶段——卵—稚虫—成虫，属于不完全变态发育。蜻蜓的一生从水中开始，稚虫要经历数年的时光，才能迎来羽化，成为成虫。而蜻蜓的稚虫又叫水虿。

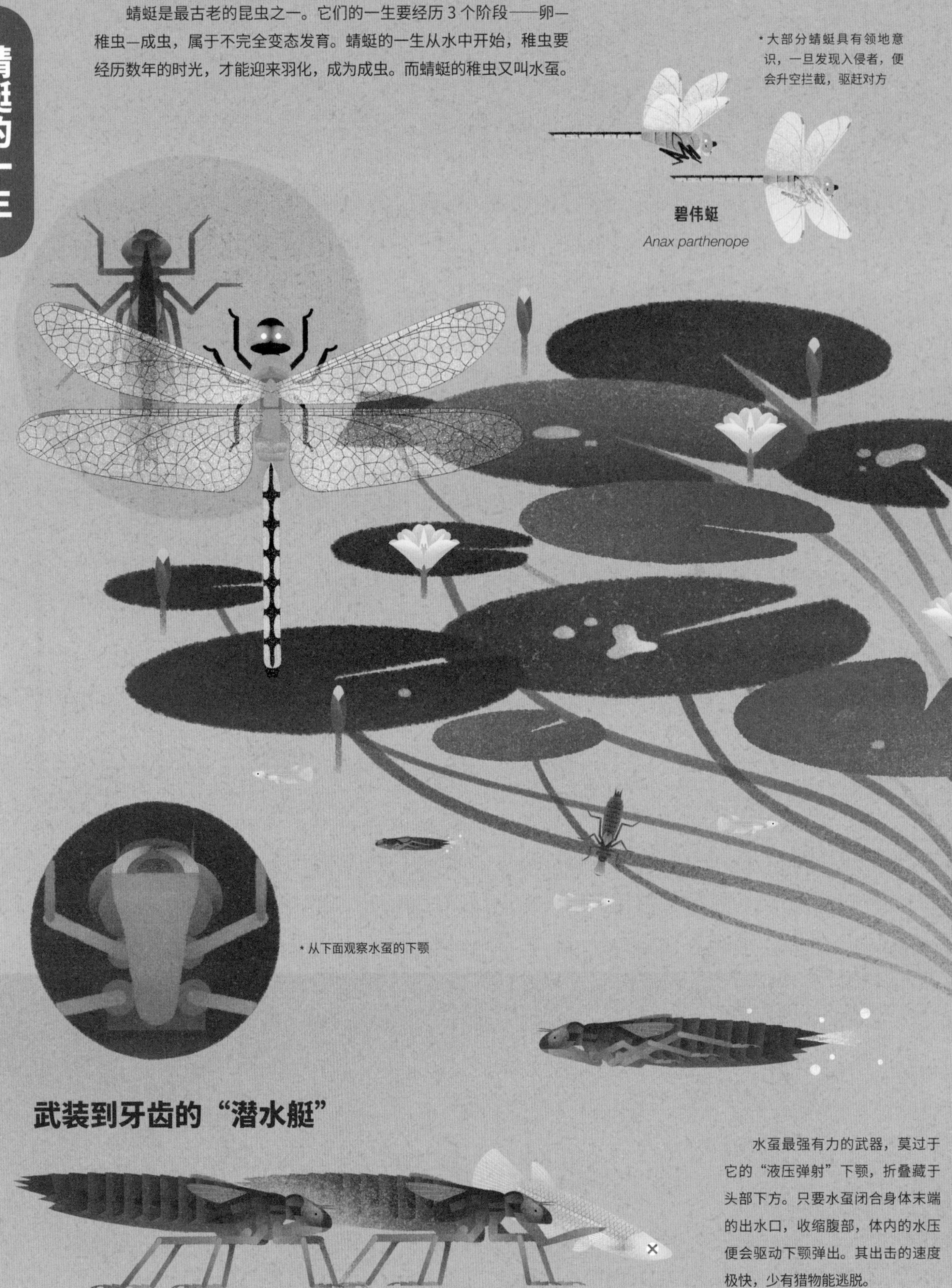

武装到牙齿的“潜水艇”

水虿最强有力的武器，莫过于它的“液压弹射”下颚，折叠藏于头部下方。只要水虿闭合身体末端的出水口，收缩腹部，体内的水压便会驱动下颚弹出。其出击的速度极快，少有猎物能逃脱。

蜻蜓点水

蜻蜓的产卵方式多种多样。雄性黄腿赤蜻会牢牢抓住雌性，一起点水产卵，雄性在选择产卵地时有最大的话语权。雌性碧伟蜓将尾部末端的产卵管刺入植物叶片或枝干内产卵。这种做法有效降低了卵被天敌吞食的风险。采用类似做法的还有豆娘。

* 蜻蜓稚虫、豆娘稚虫与 1 元硬币的大小比较

水虿的身体

水虿的身体构造使其能很好地适应水下的生活。水虿如同一艘微型潜水艇，通过末端的出水口形成推力前进，六肢能够牢牢地抓住水草和石头，便于隐藏和埋伏。

溪流中的鱼类家庭

在北京的远郊，行走在山林间的溪流边，在时而平静时而湍急的水面下常有鱼儿的身影若隐若现。它们颜色各异，体态大小不一，却都身形灵活，很少能够看到它们的全貌。小溪潺潺流动，碰撞到石头激起水花，形成小的漩涡。不同于水面所看到的状态，溪流水下则是相对平静的小世界。鱼儿在这里出生、寻找食物、寻找配偶、组建家庭，在这里完成自己的一生。

宽鳍鱲（liè）是最为常见的原住民，喜欢嬉戏畅游在水流较急、底质为砂石的浅滩。要是天气好的话，还能透过水面看到它们在水里游动。宽鳍鱲颜色鲜艳，如

同一面面旗帜，在水中“飘扬”。

如果说喜鹊是北京城最有名的“建筑师”，那多刺鱼绝对是水下世界里最注重生活品质的“建筑师”了。它们把水草的根茎作为基底，用其肾脏分泌的一种黏液把水草和一些小碎材料粘在一起，在水里筑巢。它们建造的家既安全又精致。这天生的才能简直让其他鱼儿羡慕不已。

说到鱼儿的家庭生活，有个最敬业和热爱家庭的模范——虾虎。雄性虾虎鱼被称为“超级奶爸”，雌鱼产卵后，便头也不回地离开了家，而雄鱼则守在家中，晃动身体，让卵粒接触精子使其受精，然后静静等待着孩子们出生。

鳑鲏（páng pí）衣装华丽，丝毫不逊于水族箱里的观赏鱼类。它们产卵的行为也非常有趣：它们将卵产在河蚌体内，直至孵化出小鱼。河蚌的身体变成了鳑鲏的“托儿所”。

水底的故事有道不尽的精彩，让我们一起潜入水中，一窥鱼儿们的生活吧！

水下原住民

水面之下的世界十分生动。种类丰富的原生鱼生活在只有微弱阳光照入的水底，它们就是这片溪流的主人。

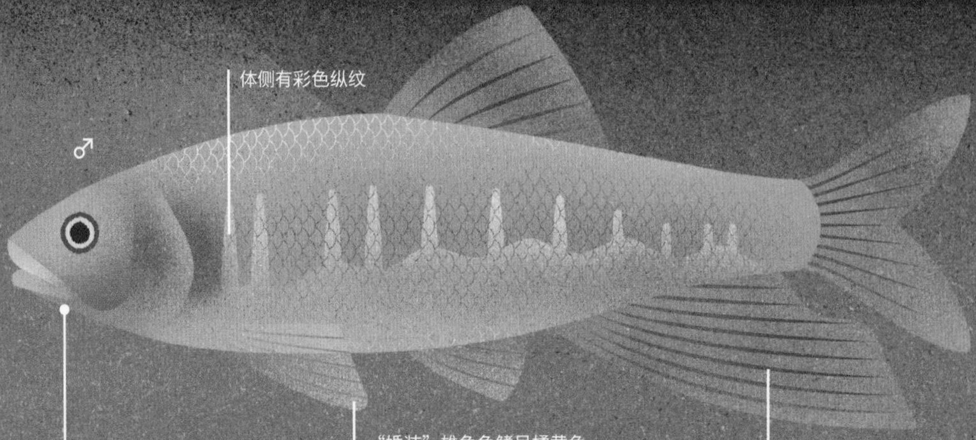

体侧有彩色纵纹

♂

“婚装”雄鱼鱼鳍呈橘黄色

雄鱼具有宽大的臀鳍

宽鳍鱲 *Zacco platypus*

成鱼体长： 14～20厘米

习性特征： 喜欢栖息在山区溪流的浅滩处。性格活泼，经常跃出水面

圆尾

圆尾斗鱼 *Macropodus chinensis*

成鱼体长： <13厘米

习性特征： 喜欢栖息在流动性不强的静水环境中，性情好斗

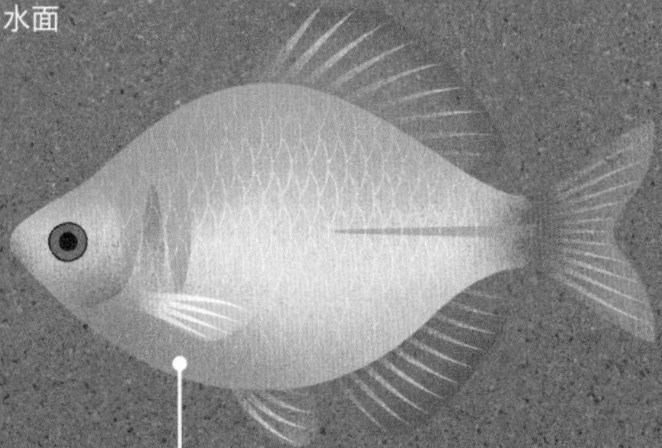

体侧有黑色斑块

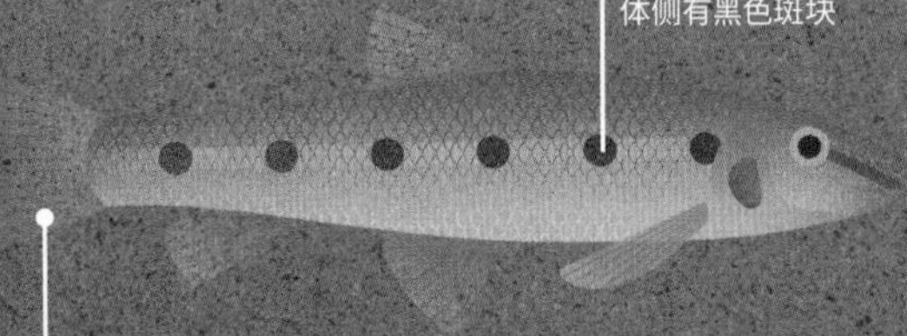

棒花鮈（jū） *Gobio rivuloides*

成鱼体长： 8～14厘米

习性特征： 喜欢栖息在山区里底质为沙砾的清澈河段。主要以一些水生昆虫的幼虫和底栖无脊椎动物为食

高体鳑鲏 *Rhodeus ocellatus*

成鱼体长： 3～4厘米

习性特征： 喜欢栖息在缓流水域或静水处水草繁茂的环境中，为杂食性小鱼。产卵于河蚌体内进行孵化

头部圆钝

麦穗鱼 *Pseudorasbora parva*

成鱼体长： 9～11厘米

习性特征： 国内广泛分布，性格较凶猛，有一定攻击性

中华鳑鲏 *Rhodeus sinensis*

成鱼体长： 5～10厘米

习性特征： 国内广泛分布，生性胆大

尾鳍近截形

青鳉（jiāng） *Oryzias latipes*

成鱼体长： 4～5厘米

习性特征： 喜欢栖息在静水或缓流水域环境中，多在接近水面的水域集群

体背部青灰色

鳘（cān） *Hemicculter leucisculus*

成鱼体长： 10～14厘米

习性特征： 喜欢栖息在江河湖泊等大水面缓流或静水区域，游泳迅速，多在水域上层集群活动

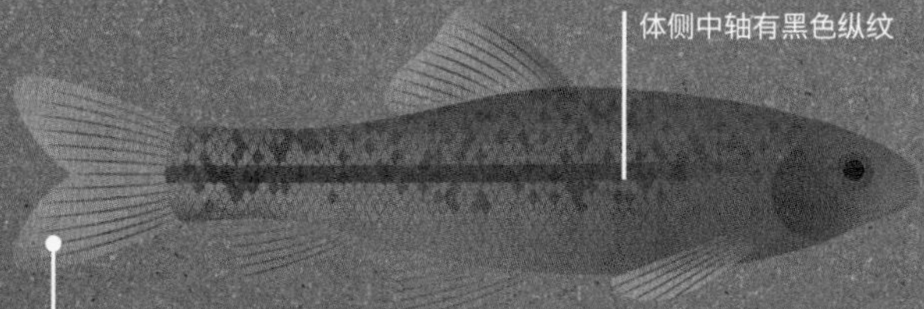

体侧中轴有黑色纵纹

黑鳍鳈 *Sarcocheilichthys nigripinnis*

成鱼体长： <10厘米

习性特征： 喜欢栖息在小河流水环境，多在河流深处活动

体侧有不规则黑点

尖头大吻鲹（guì） *Rhynchocypris oxycephalus*

成鱼体长： 9～11厘米

习性特征： 喜欢栖息在山涧河流中水温较低的水域

鳍棘

中华多刺鱼 *Pungitius sinensis*

成鱼体长： 4～6厘米

习性特征： 喜欢栖息在缓流水域水草繁茂的环境

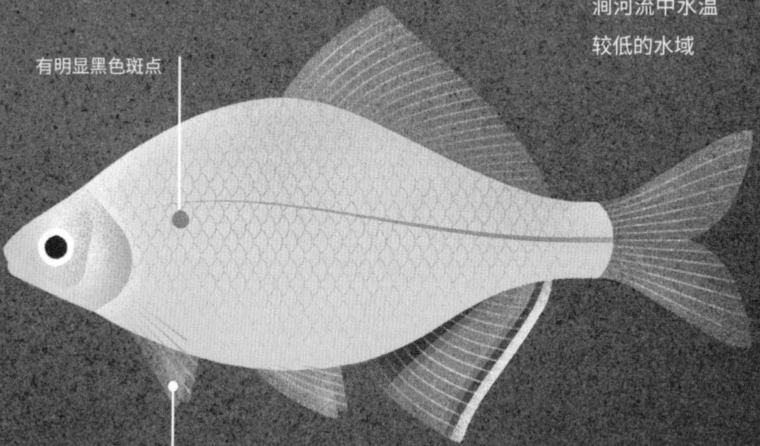

有明显黑色斑点

黑褐色斑纹

波氏吻虾虎鱼 *Rhinogobius cliffordpopei*

成鱼体长： 3～5厘米

习性特征： 喜欢栖息在凉爽干净的水域，具有一定攻击性和领域性

大鳍鱊（yù） *Acheilognathus macropterus*

成鱼体长： 14～16厘米

习性特征： 喜欢栖息在江河湖泊等浅水缓流或静水区域。与鳑鲏一样，有产卵于蚌类的鳃瓣中孵化的习性

宽鳍鱲在山区溪流中最为常见，算是一种喜欢玩“激流勇进”游戏的鱼类。这群活泼的鱼儿颜色鲜艳，如同彩虹在溪流中闪耀。

♂

♀

繁殖季的到来让整个鱼群躁动不安。雄鱼会不停地追逐雌鱼，向其展示自己矫健的身姿。

宽鳍鱲 *Zacco platypus*

宽鳍鱲喜群居，常常成群在浅滩急流、河床富含沙石的溪流中游弋。它们是技艺高超的游泳健将。

* 雌鱼背部呈灰绿色，腹部为银白色

“婚礼”的颜色

幼年的宽鳍鱲体色呈灰绿色，雄鱼体色和雌鱼近似。一旦成年，尤其是繁殖季，雄鱼的头部和体侧都会出现闪闪的珠星，周身铜绿色，腹部泛红，臀鳍由红色渐变成蓝色，闪耀着金属光芒。即便在水面上，也能看到水中闪烁的色泽。可以说，宽鳍鱲是北京冷水溪流中最美丽的鱼类。

只有身体最强健、体色最艳丽的雄鱼才能赢得雌鱼的青睐。雌鱼会引导雄鱼来到合适的沙砾河床上交配产卵。雄鱼会奋力搅起沙砾，将卵藏在沙石堆中。

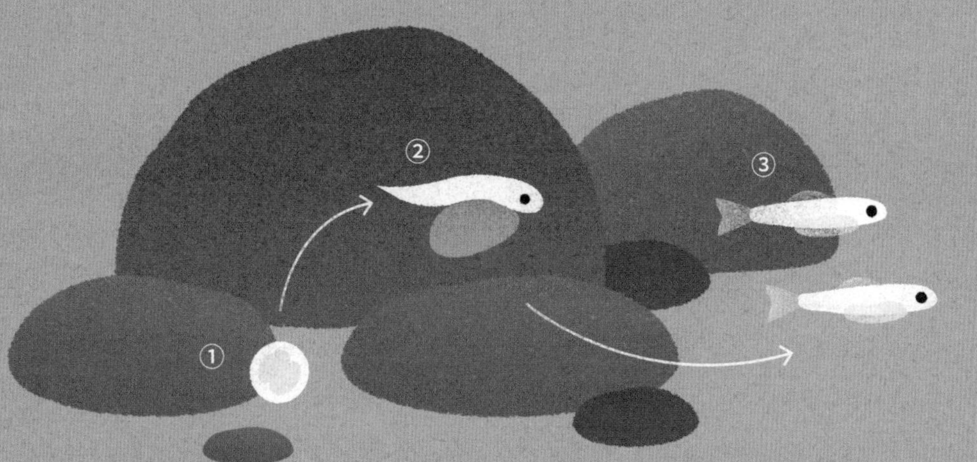

刚出生的小鱼没有觅食能力，需要靠肚子上的卵黄提供能量。当把卵黄消化完后，小鱼也长大了不少，能够自由游动了。

小宽鳍鱲一旦孵化，就需要独自面对外面莫测的世界。从小鱼到搏击水流的游泳健将，宽鳍鱲的一生不知要面临多少的凶险。

多刺鱼的『婚房』

中华多刺鱼因为背上长有刺而得名。对定居地点略挑剔的中华多刺鱼一般会选择生活在溪流湖泊中水草多的地方，那是它们成为优秀的水下“建筑师”的秘诀所在。

①

中华多刺鱼
Pungitius sinensis

打“地基”

在繁殖季，雄鱼的体表会变成带金属光泽的蓝紫色。雄赳赳气昂昂地，它要去建造迎接雌鱼的“婚房”了。第一步就是寻找一根或数根结实的水草打“地基”，然后在这个坚固的基础上用周边的水草缠绕筑巢。

“婚房”的建造

准备好了建造房子的材料，就可以开展第二步了。这个时候，它会化身为“蜘蛛侠”，分泌出黏性的丝状物，将周边的水草粘起来，编制成圆形的巢，以此吸引雌鱼进巢产卵。

②

接亲

“婚房”准备好了，雄鱼自信无比，它要出发去迎接自己的“新娘”了。求偶成功的雄鱼会与雌鱼并肩，以“Z”字形的轨迹在水里翩翩起舞，一路游回自己辛苦搭建好的巢里。

③

爱的守护

从雌鱼进巢产卵开始直到小鱼孵化，雄鱼都会一直守护。升级为“爸爸”的雄鱼脾气变得异常暴躁，一旦有其他的鱼靠近，那迎来的肯定是一场痛击！

④

孵化

终于等到小鱼成功孵化了，成群的小鱼从巢中游出。直到这个时候，雄鱼肩上沉甸甸的责任才算卸下了。

⑤

虾虎鱼是鱼类家族中的“望族”，其家庭成员广泛分布于各大洋及淡水水域。虾虎鱼游泳能力不强，却是出了名的爱打架。不仅如此，它们还有着有趣的繁殖方式。

波氏吻虾虎鱼
Rhinogobius cliffordpopei

好战分子

这两只雄性虾虎鱼展开鳍条，将身体弓成了“U”字形，同时将嘴张大到极致，随时准备战斗。这是一场为了地盘的战役，它们的目的在于吓退入侵者而不是动真格地去争个你死我活。只有守住了地盘的胜利者，才有可能赢得雌鱼的芳心。

超级奶爸

雄性虾虎鱼是“超级奶爸”。雌鱼在产卵之后便离开巢穴，守护以及照顾的任务都交给了雄鱼。为了让卵粒接触到更多新鲜水流，雄鱼会竭尽所能地晃动自己的身体。直到虾虎宝宝出生，虾虎爸爸才依依不舍地看着它们离开。

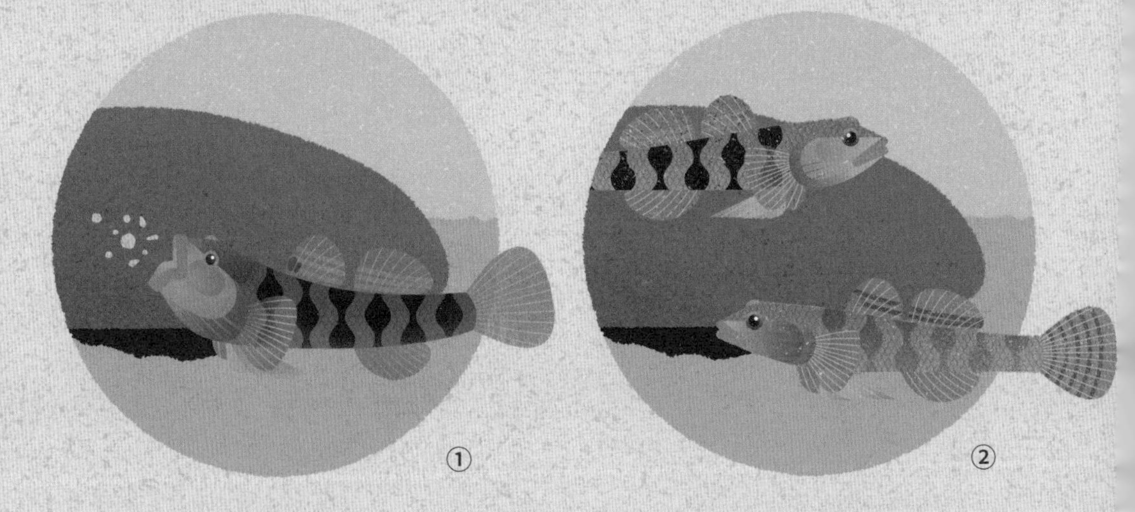

“攀岩”秘诀

虾虎鱼最大的特点就是在腹部稍靠前的位置有一个吸盘状的腹鳍。可别小看这个腹鳍，凭借着它，虾虎鱼可以稳稳当当地趴在光滑的物体表面，甚至可以沿着石头壁向上“攀岩”。

雌鱼产卵时十分特别，它利用吸盘将肚皮贴在巢穴顶部，倒挂着产卵。

③

北京的虾虎鱼

虾虎鱼种类繁多，全球各地都有它们的踪迹。在我国的各种咸、淡水域，甚至在没有阳光照射到的洞穴中，都能发现它们的身影。仔细观察，你或许能在某条石头缝里找到它们。在北京主要生活着以下 3 种虾虎鱼。

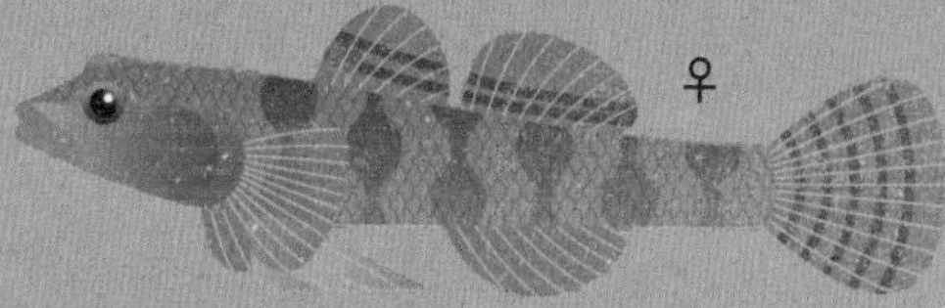

波氏吻虾虎鱼 *Rhinogobius cliffordpopei*

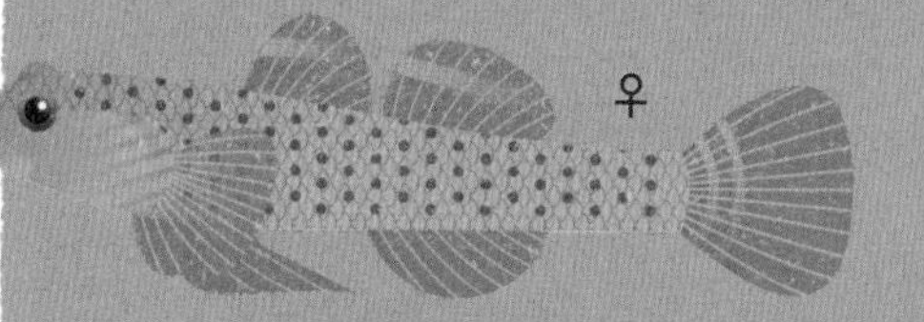

子陵吻虾虎鱼 *Rhinogobius giurinus*

♂

褐吻虾虎鱼 *Rhinogobius brunneus*

鳑鲏产卵

鳑鲏栖息于淡水湖泊及河流的浅水区，喜欢集群在水草茂密的环境中游动，在北京的各个水域中均能发现它们的踪迹。雄性鳑鲏因为有着艳丽的体色而备受鱼类爱好者追捧。

除了亮丽的体色，鳑鲏的繁殖行为也很有趣。雌雄鱼会围绕在河蚌周围交配。雌鱼会将其长长的产卵管甩入河蚌壳内，把卵产在河蚌中，让河蚌代为照看鱼卵，直到安全孵化出小鱼。

♀

♂

中华鳑鲏
Rhodeus sinensis

褶纹冠蚌 *Cristaria plicata*

河蚌摇篮的生活

鳑鲏鱼卵有了河蚌的庇护，避免了被吞食的危险。卵被产在河蚌的外套腔中，依附着河蚌鳃瓣慢慢发育。

经过近一个月的发育，小鳑鲏们终于做好了准备，这时它们已经可以自由游动和觅食。

随着河蚌从出水口排出水流，小鳑鲏被喷射而出。离开河蚌“养母”的摇篮，它们将独自迎接未知的世界。

北京鳑鲏家族

鳑鲏是鲤形目鲤科鳑鲏亚科鱼类的统称，包括鳑鲏属、鱊属和田中鳑鲏属，其中鳑鲏属和鱊属在中国均有分布。除了前面介绍过的高体鳑鲏、中华鳑鲏和大鳍鱊外，我们还能在北京见到以下几种鳑鲏，一起来认识一下吧！

事实上，河蚌并不是免费帮鳑鲏们养育后代。当鳑鲏利用河蚌产卵时，河蚌会释放自己的后代——钩介幼虫。这些幼虫会附着在鳑鲏身上，直到长成幼蚌。

这种相互照看后代的做法让人不得不感叹生命的神奇。

山林里的生灵

在北京城郊的山林里生活的动物，远离人类活动频繁的区域，大多数很难被观察到。山林可以看作是他们居住生活的“摩天大楼”，不同体形、种类的动物总能找到适合它们居住的“楼层”，山林里的生物和谐共处，多样性越来越丰富。如果你想去观察它们，必须得有耐心以及不打扰它们的心态。

轻轻地架起望远镜，静静地观察：大片茂密的花丛里，有什么东西在晃动花草？在那高耸的树枝上，是谁在啼叫？在溪边的草地上，有哪些动物在摆动身姿？在那长满青苔和地衣的石头上，是哪个“机灵鬼”在警惕地窜来窜去？

嘘！你看到了吗？

一只红尾伯劳停在

了眼前，它的头顶有灰色或红棕色的“帽子”，白色眉纹和黑色贯眼纹是它的妆颜。身为这个大家庭里最为活泼的成员，它在枝头跳跃，起起落落，上下不停。

正说着，一只小动物飞奔而过，那不就是环颈雉吗？环颈雉善于奔跑，速度极快。受到惊吓后，它通常会在地上疾速奔跑，很快进入附近的丛林或灌丛中，杳无踪迹。

幸运的话，你还会看到一些中大型哺乳动物。千万不要因为觉得它们可爱就上前抚摸它们，那可是有一定危险的哦！

山林里，每种动物都有着自己的位置。它们都有着什么样的故事呢？让我们靠近这个大家庭，保持适当的距离，不打扰地和它们共处吧！

东灵山垂直自然带

东灵山

东灵山主峰海拔 2303 米，是北京的最高峰。北京所处的华北地区，植被以落叶阔叶林为主，有多样的生态群落。不同的海拔有着不同的植被类型及物种

2000 米

褐头鸫 *Turdus feae*

分布海拔： 海拔 1500 ～ 1900 米的混交林边缘区域

观察要点： 头部、背部与翅膀为深褐色，腹部及臀为白色

1500 米

西伯利亚狍 *Capreolus pygargus*

分布海拔： 海拔 300 ～ 2000 米的疏林带、河谷及缓坡地带

观察要点： 大眼睛，皮毛颜色为灰褐色，屁股位置为白色。雄性体型较大，头上有角

1000 米

500 米

山地麻蜥 *Eremias brenchley*

分布海拔： 海拔 100 米以上的山丘上部及低山顶

观察要点： 通体灰褐色，带有圆斑。雄性繁殖季节时体侧各有一条红色的纵纹

野猪 *Sus scrofa*

分布海拔： 除了极高海拔地区以外皆有分布

观察要点： 身躯健壮，通体深褐色，背上长有刚硬的针毛

红珠绢蝶 *Parnassius bremeri*

分布海拔： 海拔 1700 米以上的亚高山草甸

观察要点： 翅正面呈白色，长有外围黑环的红斑，红斑中间有白色斑点

第一册 68

第二册 11

第三册 14 18 51

什么是垂直分布

受海拔的影响，山区的植被从山麓到山顶会呈现明显的分布变化，这种分布方式被称为垂直分布。每座山都有独特的植被分布方式。

各种动植物对温度和环境的偏好不同，生长在不同的高度带。想要邂逅它们，就得去正确的地方寻找。

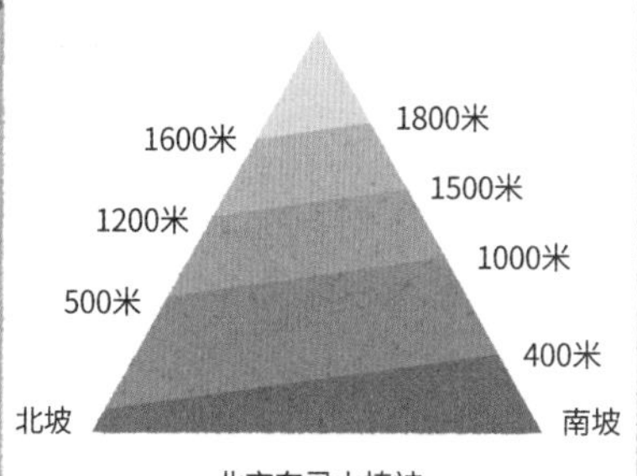

北京东灵山植被垂直分布示意图

山顶草甸带

大山雀 *Parus cinereus*

分布海拔： 低山和山麓地带的混交林中，夏季偶尔会到海拔 1700 米的中、高山地带

观察要点： 头部呈蓝黑色，眼睛以下的脸颊处有近似三角形的白斑。背部为黄绿色，至翅膀和尾上覆羽渐变为蓝灰色

桦树林带

松栎林带

大花杓兰 *Cypripedium macranthum*

分布海拔： 海拔 400 ～ 2400 米的林下、林缘或缓坡土壤肥沃的区域

花　　期： 6 ～ 7 月

观察要点： 植株高 25 ～ 50 厘米。叶片呈椭圆形或类椭圆形。花呈粉红色，带有深色脉纹

落叶阔叶灌丛带

黄鼬 *Mustela sibirica*

分布海拔： 低海拔山地和平原

观察要点： 通体黄棕色，脸颊部位颜色较深。鼻垫基部及嘴为白色

次生灌草丛带

山林野兽

在北京的山林中生活着许多哺乳动物，要在野外追踪它们可不容易。不如先来了解它们的习性，说不定哪天就会邂逅它们呢。

野猪 *Sus scrofa*

成年野猪体格健壮。幼猪身上有瓜皮状棕色花纹。公野猪长有獠牙，常单独活动。

习性特征： 杂食，家族式成群，会有多只母猪共同抚养多只小猪。应避免打扰它们的生活或对其生命安全造成威胁

赤狐 *Vulpes vulpes*

赤狐是机会主义者，从不放过任何获取食物的机会。它们喜欢在山区林地边缘、靠近农田的地方出没。

习性特征： 夜行性动物，生性多疑，喜欢单独行动

狼 *Canis lupus*

狼是最具团队精神的猎手，是唯一一个遍布世界各地的物种，这是它们良好适应能力的最好证明。研究表明，人类在很久以前就驯化狼作家用，狗与狼是同一个物种。

习性特征： 肉食性动物。群体行动捕食，狼群内有着严格的等级制度。狼群有领域性，多在夜间活动

狗獾 *Meles leucurus*

狗獾是大型鼬科动物，它有锋利的前爪，善于挖洞，能在地下挖出十几米长的洞道。

习性特征： 具有冬眠的习性。性情凶悍，但它不会主动攻击人类和牲畜

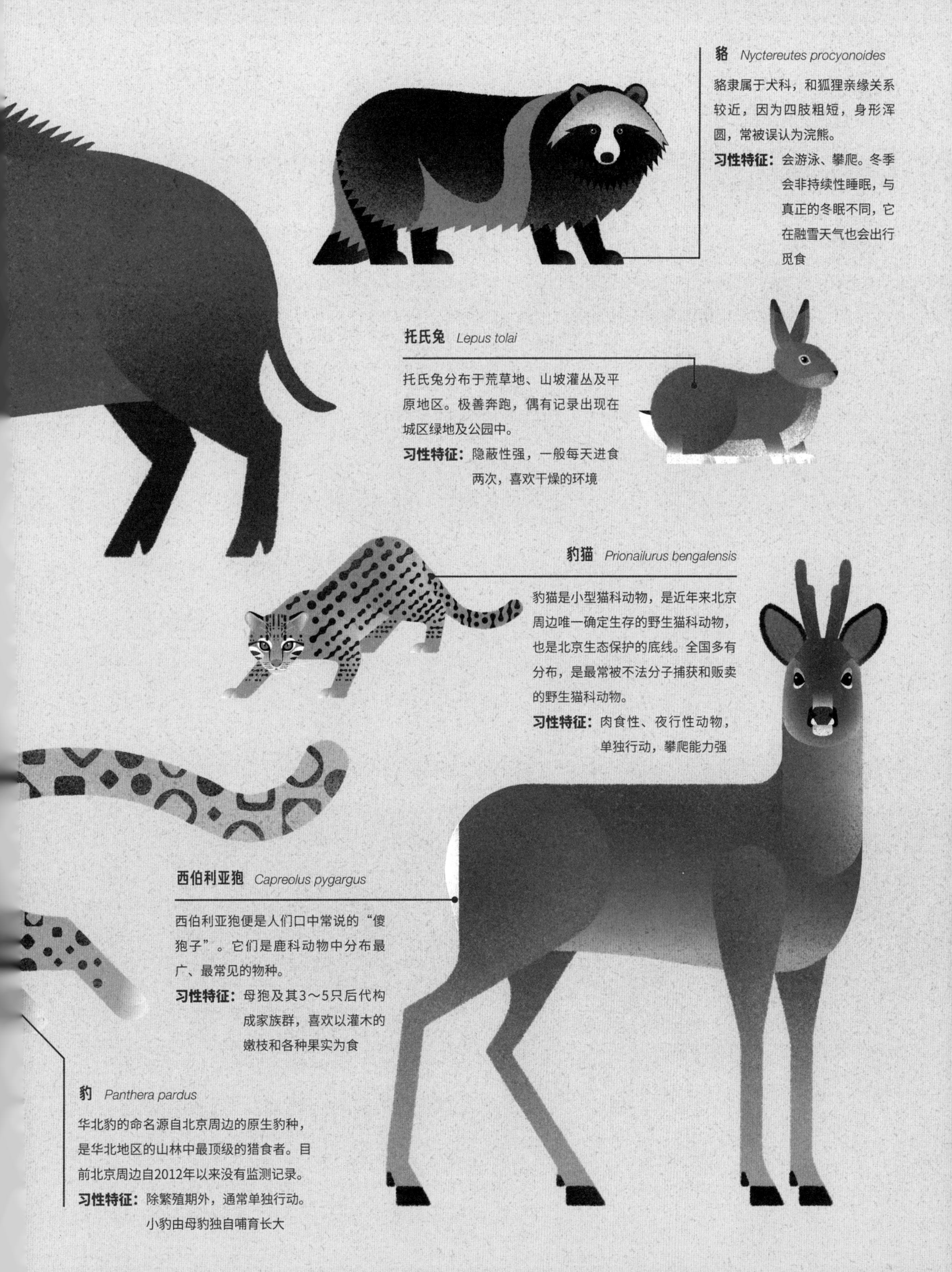

貉 *Nyctereutes procyonoides*

貉隶属于犬科，和狐狸亲缘关系较近，因为四肢粗短，身形浑圆，常被误认为浣熊。

习性特征： 会游泳、攀爬。冬季会非持续性睡眠，与真正的冬眠不同，它在融雪天气也会出行觅食

托氏兔 *Lepus tolai*

托氏兔分布于荒草地、山坡灌丛及平原地区。极善奔跑，偶有记录出现在城区绿地及公园中。

习性特征： 隐蔽性强，一般每天进食两次，喜欢干燥的环境

豹猫 *Prionailurus bengalensis*

豹猫是小型猫科动物，是近年来北京周边唯一确定生存的野生猫科动物，也是北京生态保护的底线。全国多有分布，是最常被不法分子捕获和贩卖的野生猫科动物。

习性特征： 肉食性、夜行性动物，单独行动，攀爬能力强

西伯利亚狍 *Capreolus pygargus*

西伯利亚狍便是人们口中常说的“傻狍子”。它们是鹿科动物中分布最广、最常见的物种。

习性特征： 母狍及其3～5只后代构成家族群，喜欢以灌木的嫩枝和各种果实为食

豹 *Panthera pardus*

华北豹的命名源自北京周边的原生豹种，是华北地区的山林中最顶级的猎食者。目前北京周边自2012年以来没有监测记录。

习性特征： 除繁殖期外，通常单独行动。小豹由母豹独自哺育长大

山洞里的『飞鼠』

奇特的长相和昼伏夜出的习性让蝙蝠充满神秘色彩。欧洲的传说故事里，吸血鬼德古拉伯爵可以变成蝙蝠，飞出城堡寻找猎物；而在中国，则有“老鼠吃盐变蝙蝠”的说法。其实，蝙蝠是独特而有趣的动物，它们种类繁多，占哺乳动物种类总数的 1/4。北京也生活着不少种蝙蝠，其中最有名的是房山山洞里的大足鼠耳福和北京宽耳蝠。

它们白天在山洞里，低调地待在“暗无天日”的环境中等着黑夜到来。需要注意的是，北京周边的蝙蝠洞有一些被开发成旅游景点，洞穴里不分昼夜地开着灯，蝙蝠们被迫离开自己的家园。对蝙蝠的保护已经迫在眉睫。观察但不打扰始终是和大自然的生物相处的唯一准则。

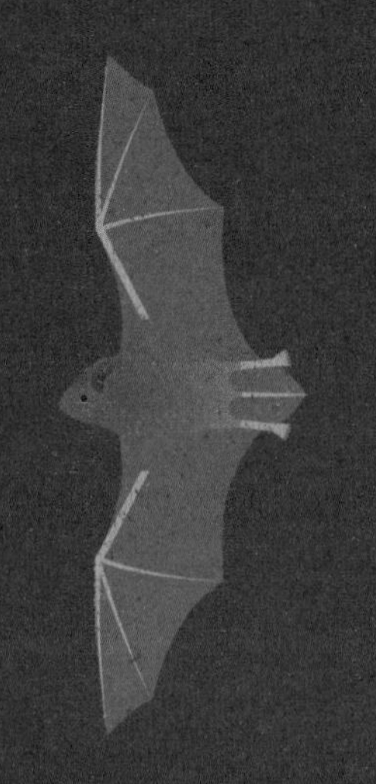

飞行的秘密

蝙蝠是唯一能够真正飞行的哺乳动物，它们飞行的秘密就藏在“指尖”。

除了轻薄的翼膜，蝙蝠还有特殊演化的“手掌”。鸟类主要由肱骨、桡骨和尺骨承担飞行的重任，蝙蝠则是靠掌骨控制气流。换句话说，鸟类靠“胳膊”飞行，蝙蝠靠的是“手掌”飞行。

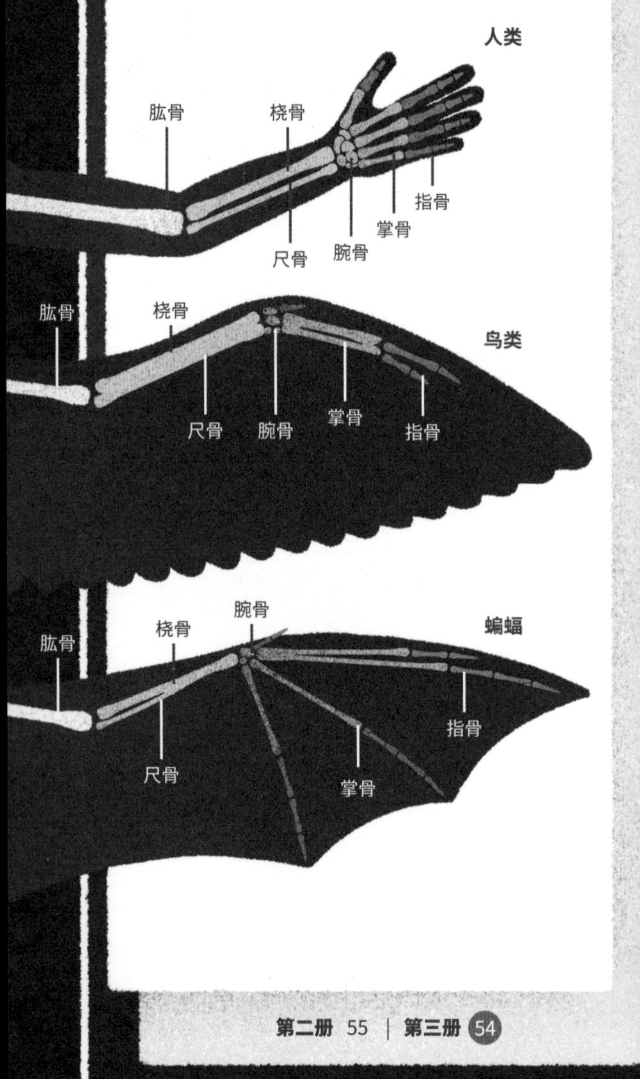

第二册 55 | 第三册 54

鼠耳蝠的“大足”

大足鼠耳蝠是中国特有的蝙蝠。其罕见的大足是其他蝙蝠的两倍长，如此与众不同的足部的具体功能直到近年来才被科学家破解。

原来大足鼠耳蝙具有捕鱼的习性，它们的大足便是捕鱼的利器。鼠耳蝠会利用回声定位判断水面的鱼群，在水面上低飞时双足划过水面，锋利无比的爪子如同 5 个倒钩，一旦触碰到鱼类，就能牢牢地抓住，将其捕获。

蝙蝠家族

在北京分布着多种蝙蝠。夜晚在市区上空盘旋的是东亚家蝠和中华山蝠；而北京宽耳蝠、马铁菊头蝠、大足鼠耳蝠和白腹管鼻蝠则栖息在山区山洞中。

东亚家蝠
Pipistrellus abramus
原产地：东亚地区。中国华北、东北、华东和华南各地区均有分布

马铁菊头蝠
Rhinolophus ferrumequinum
原产地：欧洲、亚洲、非洲等地。中国各地均有分布

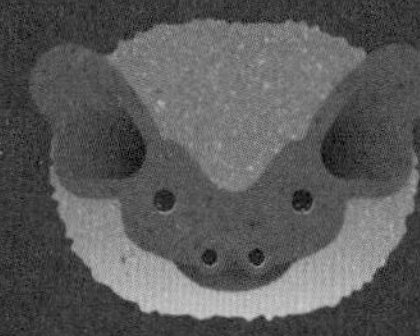

白腹管鼻蝠
Murina leucogaster
原产地：东南亚地区。在中国主要分布在海拔1200～2000米的区域

中华山蝠
Nyctalus plancyi
原产地：仅分布在中国

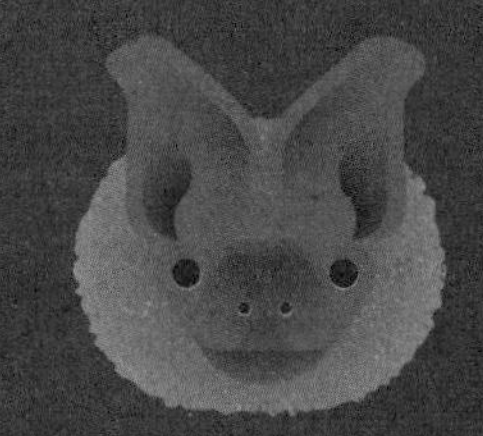

北京宽耳蝠
Barbastella beijingensis
原产地：仅分布在中国北京市房山区

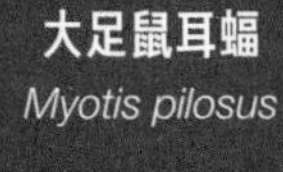

大足鼠耳蝠
Myotis pilosus

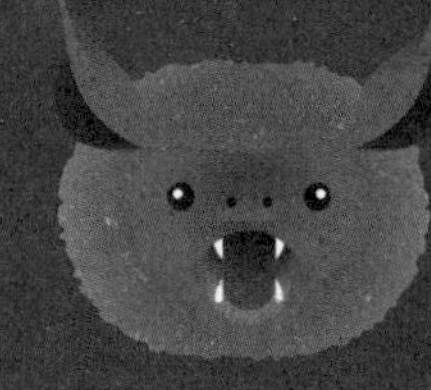

大足鼠耳蝠
Myotis pilosus
原产地：中国各地均有分布，现主要分布于中国东南部。北京地区主要分布在房山区

蝙蝠的“超级武器”

夜晚一片漆黑，再强大的视力也无所适从，蝙蝠为此进化出了一项“超级武器”——回声定位。

蝙蝠通过发出音频很高的叫声来识别前方的障碍物，一旦声音的传播受到阻挡，便会反射回来。蝙蝠正是通过收听不同的反射来避开前方的障碍物及捕捉猎物。这种超出人类听力范围的声波被称为超声波。除了蝙蝠，海豚、海狮、部分鸟类和鱼类也有相似的本领。

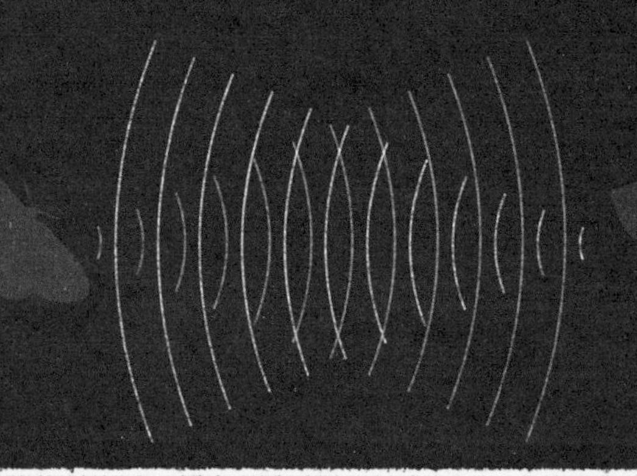

石间精灵

盛夏时分，在北京郊区特别是门头沟、怀柔、房山区爬山的时候，经常能遇到一些长着带花纹的长尾巴的小蜥蜴。这些小蜥蜴不是很怕人，它们会驻足观察过路的行人，只有当你靠近的时候，它们才会一溜烟儿钻进石头缝隙里。

蜥蜴家族

山地麻蜥幼体

山地麻蜥幼体的尾巴呈蓝色，很容易和黄纹石龙子的幼体混淆。

山地麻蜥

Eremias brenchleyi

山地麻蜥较丽斑麻蜥分布海拔更高。

观察要点：通体灰褐色，带有圆斑。繁殖季节，雄性体侧各分布有一条红色的纵纹

丽斑麻蜥 *Eremias argus*

丽斑麻蜥是北京低山地区最常见的蜥蜴。

观察要点：不同个体和阶段颜色不一，背部有棕灰夹青、棕绿、棕褐、黑灰等色。头部呈棕灰色

无蹼壁虎是中国特有物种，常常出没于北京老城区的四合院中，能断尾躲避天敌。
观察要点： 背部呈灰棕色，腹部呈淡肉色

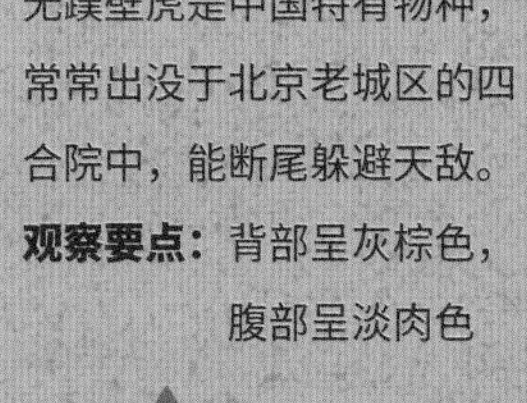

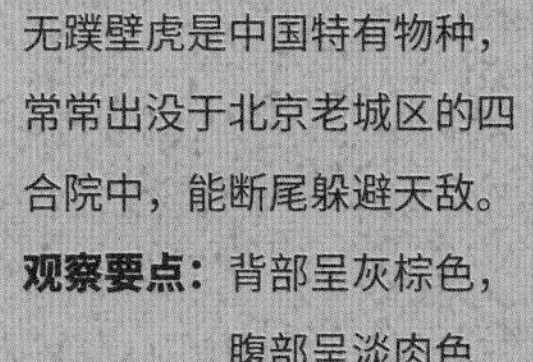

黄纹石龙子

Eumeces capito

黄纹石龙子栖息在植被较好的丘陵山地。
观察要点： 背部呈棕褐色。发情时，雄性的侧脸和腹部会变成显眼的橘红色

黄纹石龙子幼体

黄纹石龙子幼体的尾巴呈现耀眼的蓝色。

无蹼壁虎

Gekko swinhonis

宁波滑蜥主要分布在长江以南地区，北方偶有出现。
观察要点： 体型较小，背部呈深褐色，身体两侧有黑色条纹

宁波滑蜥

Scincella modesta

草丛潜行者

北京的蛇种类较多，共有 15 种。要是你们在草丛中发现了它们，千万不要上前对它们进行恐吓或者驱赶，慢慢地远离它们是最好的选择。

黑头剑蛇
Sibynophis chinensis
体　长：0.6～0.8 米
观察地点：
昌平区、平谷区

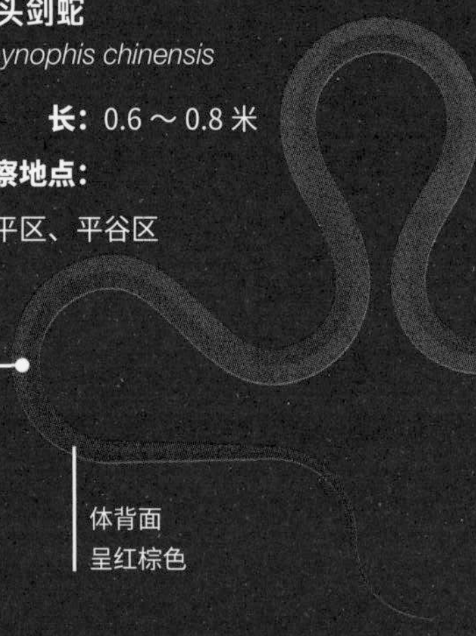

黑色头部有黑色脊纹

体背面呈红棕色

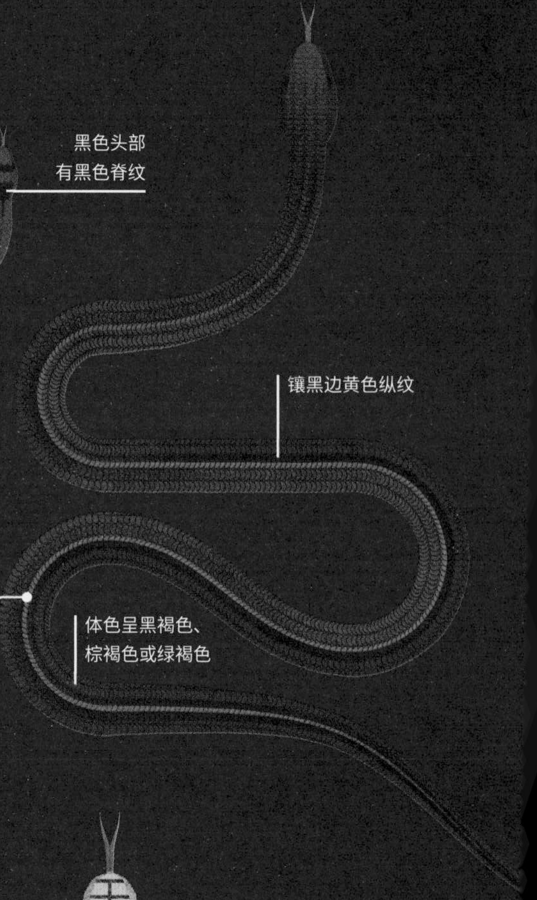

镶黑边黄色纵纹

黄脊游蛇 *Coluber spinalis*
体　长：0.7～0.9 米
观察地点：百望山区域

背部有镶黑边黄色脊线

乌梢蛇
Zaocys dhumnades
体　长：1.5～2 米
观察地点：
昌平区、门头沟区

体色呈黑褐色、棕褐色或绿褐色

头部有黑纹“王”字

性格暴烈，有较强攻击性

从中段开始后有黑色横斑

赤峰锦蛇
Elaphe anomala
体　长：1.5～2 米
观察地点：
海淀区、昌平区、门头沟区

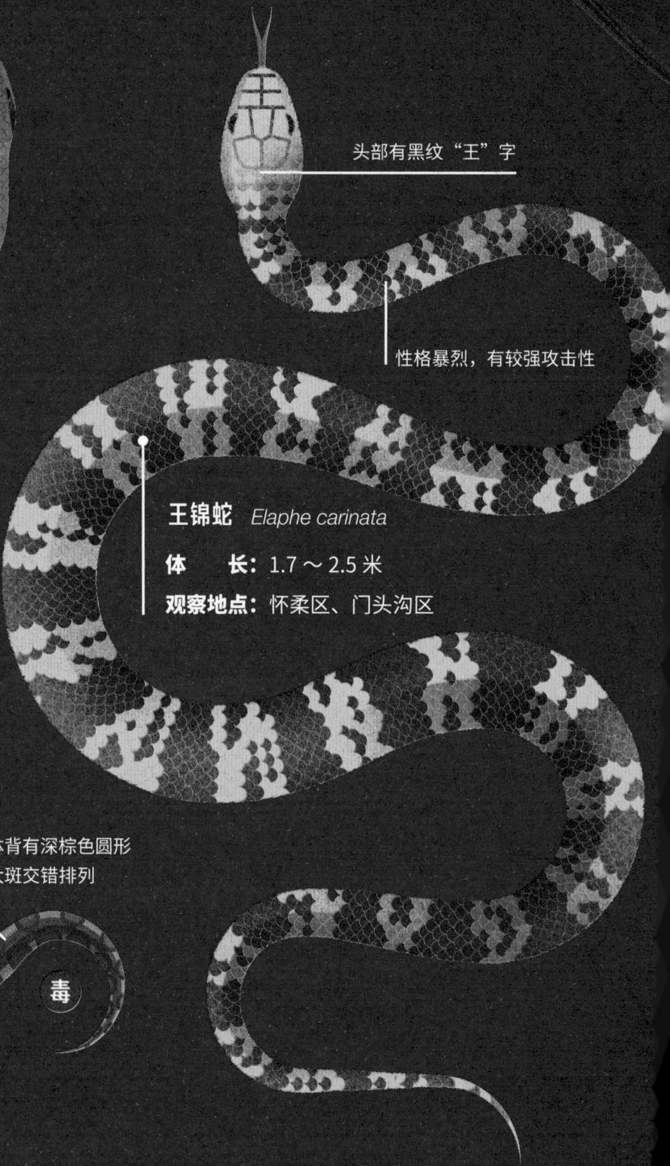

王锦蛇 *Elaphe carinata*
体　长：1.7～2.5 米
观察地点：怀柔区、门头沟区

华北蝮
Gloydius stejnegeri
体　长：0.6～0.8 米
观察地点：
门头沟区、百花山区域

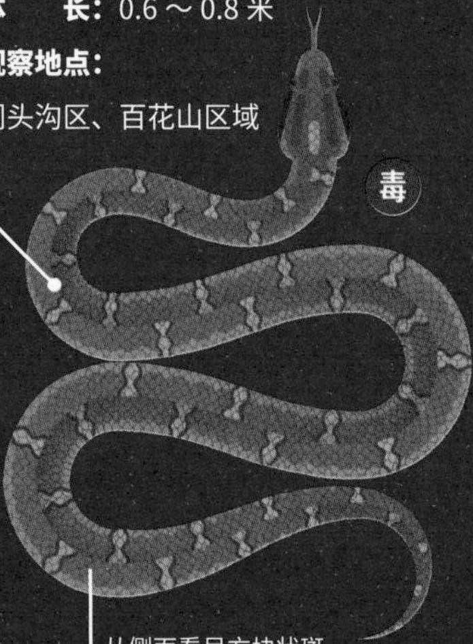

毒

从侧面看呈方块状斑

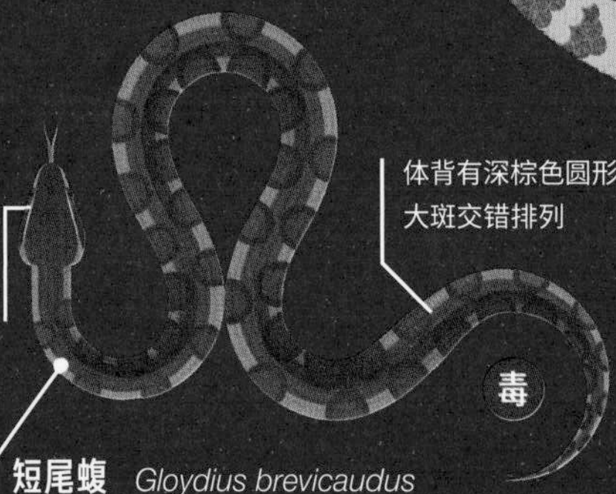

眼后有白色纹

体背有深棕色圆形大斑交错排列

毒

短尾蝮 *Gloydius brevicaudus*
体　长：0.4～0.6 米
观察地点：西山植物园区域

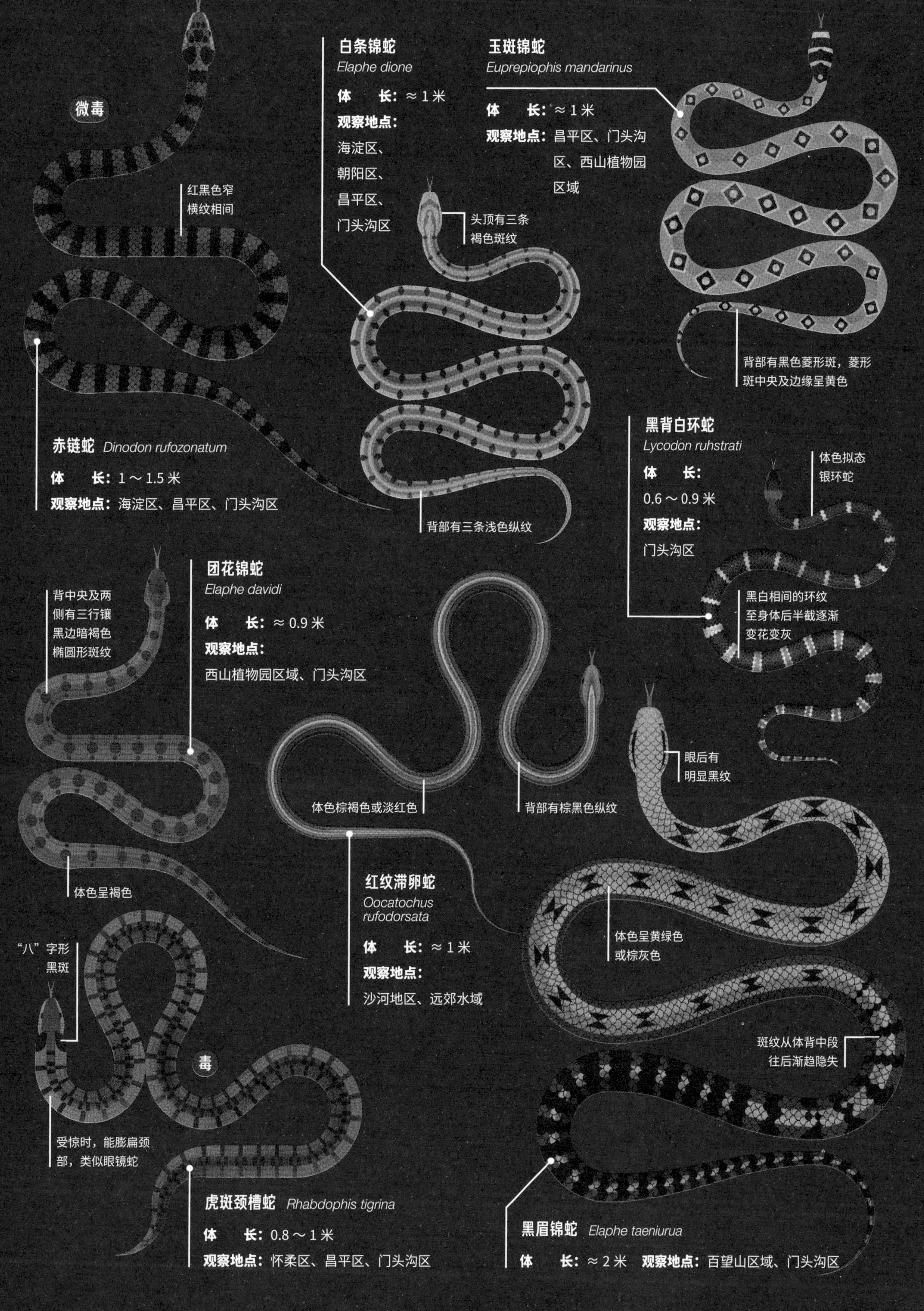

微毒
红黑色窄
横纹相间
赤链蛇 Dinodon rufozonatum
体　　长：1～1.5 米
观察地点：海淀区、昌平区、门头沟区
白条锦蛇
Elaphe dione
体　　长：≈ 1 米
观察地点：
海淀区、
朝阳区、
昌平区、
门头沟区
头顶有三条
褐色斑纹
背部有三条浅色纵纹
玉斑锦蛇
Euprepiophis mandarinus
体　　长：≈ 1 米
观察地点：昌平区、门头沟区、西山植物园区域
背部有黑色菱形斑，菱形斑中央及边缘呈黄色
黑背白环蛇
Lycodon ruhstrati
体　　长：
0.6～0.9 米
观察地点：
门头沟区
体色拟态
银环蛇
黑白相间的环纹
至身体后半截逐渐
变花变灰
背中央及两
侧有三行镶
黑边暗褐色
椭圆形斑纹
团花锦蛇
Elaphe davidi
体　　长：≈ 0.9 米
观察地点：
西山植物园区域、门头沟区
体色呈褐色
体色棕褐色或淡红色
背部有棕黑色纵纹
红纹滞卵蛇
Oocatochus rufodorsata
体　　长：≈ 1 米
观察地点：
沙河地区、远郊水域
眼后有
明显黑纹
体色呈黄绿色
或棕灰色
斑纹从体背中段
往后渐趋隐失
“八”字形
黑斑
毒
受惊时，能膨扁颈
部，类似眼镜蛇
虎斑颈槽蛇 Rhabdophis tigrina
体　　长：0.8～1 米
观察地点：怀柔区、昌平区、门头沟区
黑眉锦蛇 Elaphe taeniurua
体　　长：≈ 2 米　观察地点：百望山区域、门头沟区

铠甲勇士

锹甲是鞘翅目锹甲科甲虫的统称，它们大多上颚发达、造型多变，其中不乏体色绚烂的种类。中国是锹甲分布的大国，光是北京就有 7 种锹甲。北京的锹甲中，最常见也是最漂亮的莫过于褐黄前锹甲。它们喜食腐烂的水果及树汁，常常能在粗大的树干上发现它们。

锹甲的一生会经历 4 个阶段——卵—幼虫—蛹—成虫。在生命中的大部分时光，锹甲以幼虫的形式躲在朽木中，以啃食朽木为生。锹甲的幼虫要经历 3 次脱皮，才能从蛹羽化为幼虫，再经过 1～2 个月的时间，才能变成拥有坚硬外壳、力大无比的勇士。

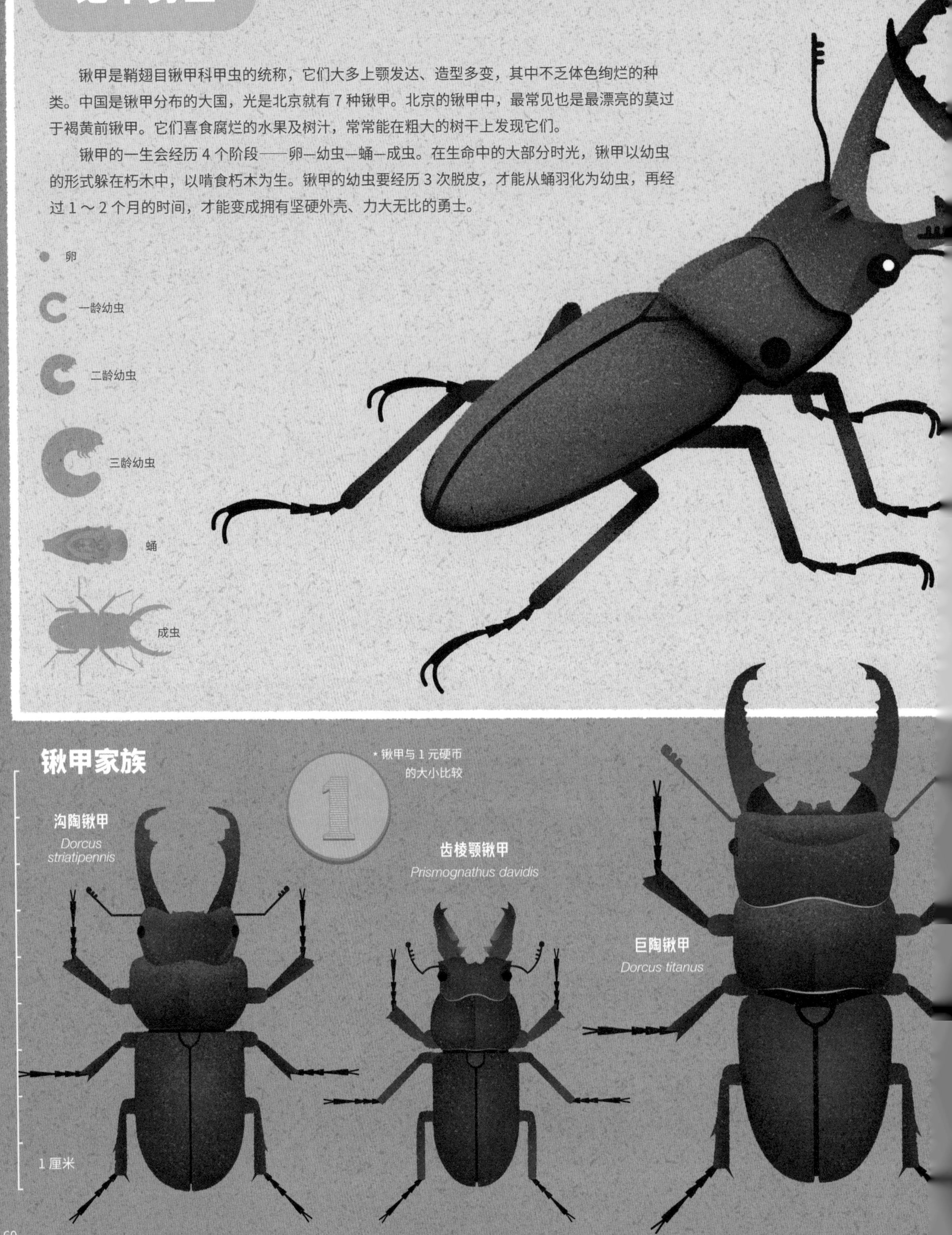

锹甲家族雌雄差异巨大，只有雄性才有巨大的上颚。巨大的上颚不仅是力量的象征，更是赢得雌性青睐的重要条件。相比之下，雌性的上颚非常小，体形也比雄性小巧得多。

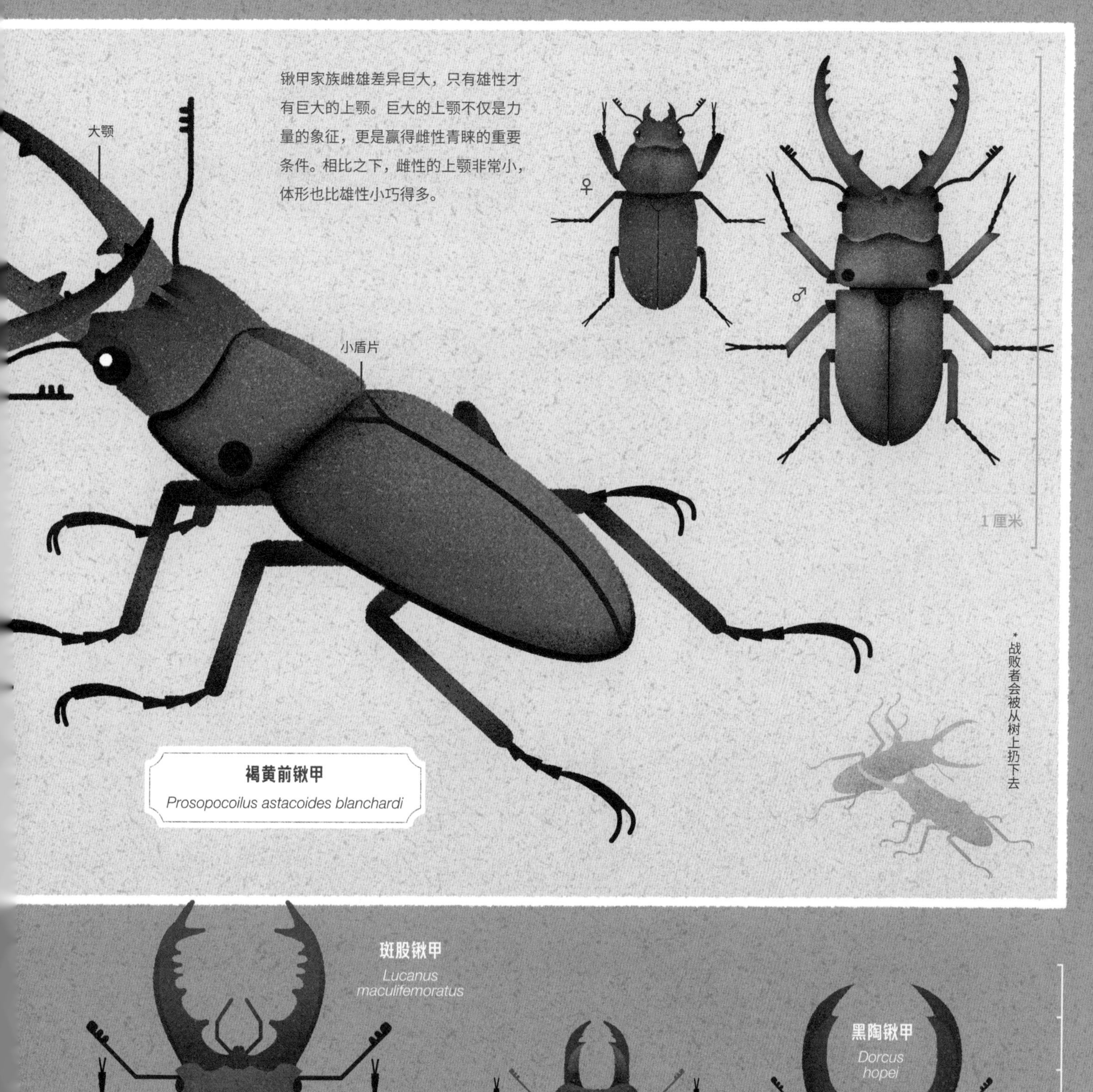

褐黄前锹甲
Prosopocoilus astacoides blanchardi

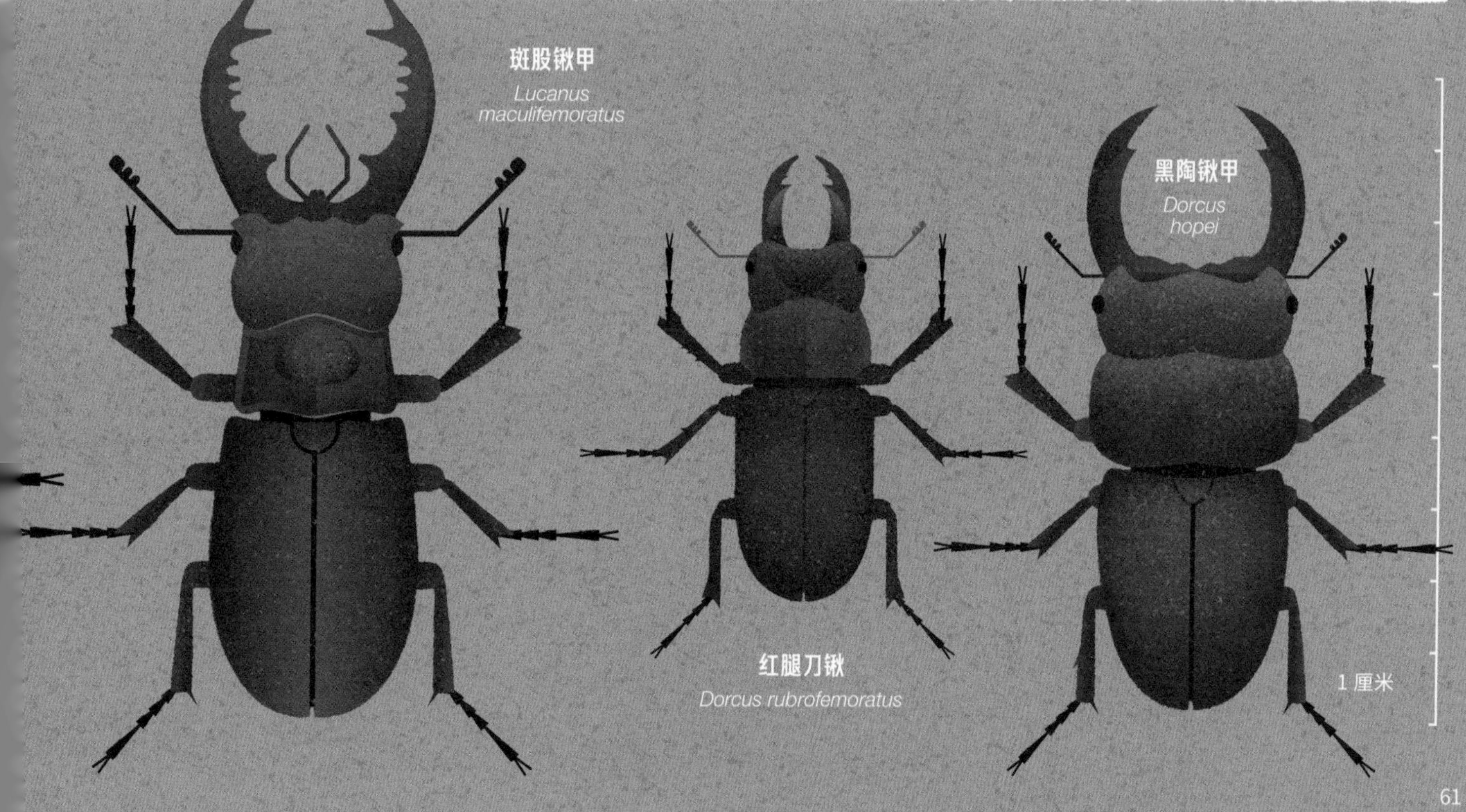

斑股锹甲
Lucanus maculifemoratus

红腿刀锹
Dorcus rubrofemoratus

黑陶锹甲
Dorcus hopei

山林飞羽

北京郊外的地理环境丰富多样，在此生活的鸟类也和城中大不相同。茂密的阔叶林是众多林鸟们赖以生存的家园。很多鸟类一年四季都栖居于此，去京郊的山区中邂逅它们，定能领略别样的精彩！

黑头䴓 *Sitta villosa*

黑头䴓习性与啄木鸟相似，常常在树干上寻找藏匿于树皮下的昆虫。但与啄木鸟不同的是，它们常常头朝下从高处往低处行进，而啄木鸟只能从下往上行进。黑头䴓是北京仅有的两种䴓之一。

观察时间： 全年可见

观察要点： 背部呈蓝灰色，头顶黑色，具有白色眉纹和黑色过眼纹

白眉姬鹟

Ficedula zanthopygia

白眉姬鹟是北京的旅鸟，在迁徙季作客北京，常见于低山林地和城市公园树林。

观察时间： 5月至9月中

观察要点： 雄鸟拥有亮丽的黄色羽毛，一对“白眉”极具特色。雌鸟则要“逊色”很多，只有腰部为黄色，其他都是灰褐色

山噪鹛 *Garrulax davidi*

山噪鹛是中国特有鸟类，喜欢在山地灌丛中活动觅食。山噪鹛叫声多变而动听，性情活跃，常常三五成群活动。

观察时间： 全年可见

观察要点： 通体灰褐色，鼻孔完全被须羽遮盖

三道眉草鹀

Emberiza cioides

三道眉草鹀体形与麻雀类似。它们喜欢在灌丛中活动。北京四季都能在山地见到它们。

观察时间： 全年可见

观察要点： 三道眉草鹀的脸部具有特别的花纹，因而被称为三道眉。羽色比麻雀更为鲜红

环颈雉

Phasianus colchicus

环颈雉栖息于低山地带，在奥林匹克森林公园也偶有出没。它们不喜飞行，但在受到惊吓时能突然起飞，快速逃离危险。

观察时间： 全年可见

观察要点： 雄鸟头部呈金属蓝绿色，眼周呈红色，带有白色眉纹。腹部呈棕色

红嘴蓝鹊 *Urocissa erythroryncha*

红嘴蓝鹊是北京的留鸟。不仅在北京山区，在城区公园、环境良好的高校林地都能觅得它们的踪迹。

观察时间： 全年可见

观察要点： 体长约70厘米，其中尾羽的长度占据过半。其超长的尾羽配上灰蓝色的羽毛，让人极易辨认

红尾伯劳 *Lanius cristatus*

伯劳看起来外表呆萌，实际上是雀形目鸟类中性情最凶悍的杀手。从它们类似鹰类的喙部就可以略窥一二。伯劳有一个有趣的习性，它们会把吃不完的食物穿在枝头储存起来。

观察时间： 4月末至11月中

观察要点： 如同盗贼般的“黑眼罩”是伯劳的特征

黑卷尾 *Dicrurus macrocercus*

黑卷尾是动作迅猛的猎手，常常伫立在视野开阔的电线杆或枝头观察周围的一切，一旦发现空中飞行的昆虫，便迅猛出击。

观察时间： 5月至10月初

观察要点： 通体黑色，远看如同剪影。但在阳光的照耀下羽毛能反射出蓝色金属光泽。因呈叉形、末端边缘外翘的尾巴而得名

鸟类的尾羽类型

鸟类的尾羽在飞翔中起着平衡和舵的作用，在降落时能辅助刹车。没有尾羽，鸟类就无法正常飞翔。科学家们根据鸟类尾羽形状的不同，将它们分成了7类。不同形状的尾羽是观察和辨别鸟类的依据。

圆尾（海鸥）

楔尾（啄木鸟）

平尾（鹭）

叉尾（卷尾）

凹尾（沙燕）

凸尾（伯劳）

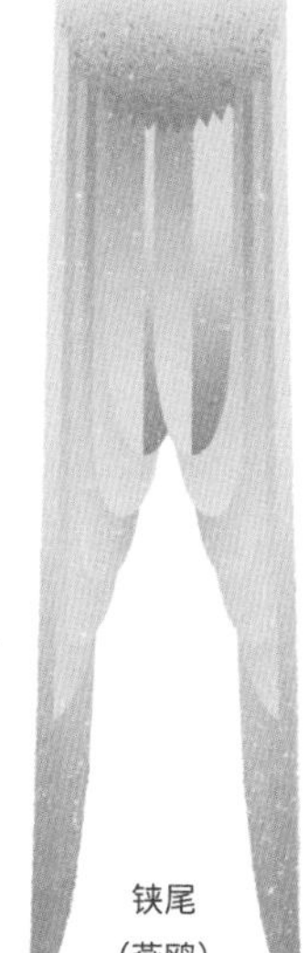

铗尾（燕鸥）

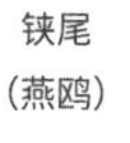

第一册 26 31 34 43
第二册 18 43 68 73
第三册 63

山林的四季变化

北京四季分明，春季万物萌发，夏季郁郁葱葱，秋季金黄璀璨，冬季白雪皑皑，年复一年，在这片富有生机的土地上轮番上演着生命乐章。

春季，红胁蓝尾鸲展现着自己动人的歌喉；不远处的山麻雀结队嬉戏鸣叫，似乎是想为这曲“林间小调”点缀些更丰富的音色；不知从哪里传来了红嘴蓝鹊的声音，短暂打破了原有的旋律，但又很快地融入其中。沉睡了一冬的狗獾似乎也被这场森林音乐会从冬眠中唤醒，走出洞穴一同欣赏这春日的赞歌。

随着夏季的到来，草木越发繁盛，气温逐步抬升，大地铺上了一层更浓郁的绿色。觅食中的野猪来者不拒，似乎没有什么食材不能加入它的菜谱；西伯利亚狍小心谨慎，毛茸茸的白色屁股是它最具代表性的名片。春季初生的托氏兔已经具备了独立生存的能力，继续着它对新世界的探索。

而到了成熟与收获的秋季，灿烂的金色装饰着大地。

松鼠忙碌地收集着坚果作为入冬的储蓄，许多候鸟也已做起了迁徙的准备，而常驻居民珠颈斑鸠则继续着自己有条不紊的生活。

白雪装点大地，冬季的山林似乎比其他季节安静了许多。仔细观察，你就会看到在这一片银白色的世界中，还有许多动物辛勤地忙碌着。凭借优异的视力盘旋空中寻找猎物的金雕，雪地上蹿动的火焰般的赤狐，擅长奔跑的环颈雉……都是宁静冬日里的鲜活色彩。

四季是山林的衣裳，大自然总是知道如何装扮自己。不妨走出城市，让我们参与到这山林的四季更迭中来吧！

春的山林

春天的森林里一派万物复苏的景象，所有动物都出来享受这盎然的春意。

麻雀
Passer montanus
春天是麻雀的繁殖期，他们会成对出现，一同营巢、寻找食物、喂养幼鸟。

托氏兔 *Lepus tolai*
春天来临，草木茂盛，正是托氏兔挖掘洞穴繁衍后代的好时机。

野猪
Sus scrofa
春天是野猪的产崽期，它们会变得异常具有攻击性。登山的人可要小心了！

狗獾洞穴

冬去春来，狗獾也从冬眠中醒来。狗獾前肢粗壮有力，是天生的挖洞高手。狗獾会世代营造它们的洞穴，有的洞穴经过多年的挖掘，结构复杂无比，在地下深达 2 米。这些洞穴功能明确，有的充当卧室，有的充当厕所。营造之巧妙令人感叹。

狗獾
Meles leucurus

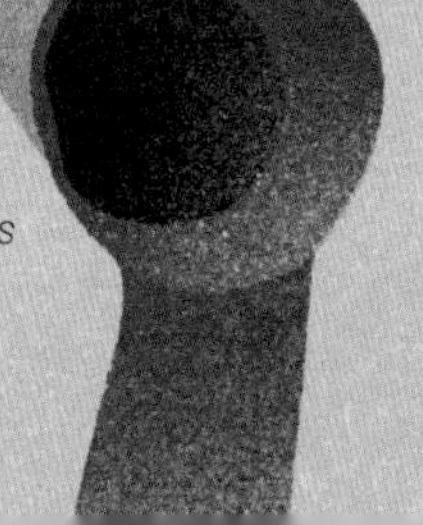

北京“崖壁三美”

三月的山区春寒料峭，却也有野花选择在此时绽放。其中最令人称道的莫过于生长在石灰岩崖壁上的槭叶铁线莲、独根草和房山紫堇。它们被人们称为“崖壁三美”，只有在房山才能同时见到它们，想要一睹它们的花姿更不容易。

槭叶铁线莲
Suillus granulatus

独根草
Chroogomphidius viscidus

房山紫堇
Lepiota brunneo

夏的山林

夏天的森林正在上演一场狂欢的“聚会”，在炙热的阳光下，山林里的树木也越发地茂盛。刚从蛹壳中飞出的蝴蝶翩翩飞舞，鸟儿们忙忙碌碌寻找着食物。

红隼
Falco tinnunculus
夏天来了，红隼飞来飞去的身姿更加忙碌了，因为它们需要捕食更多猎物来喂养雏鸟。

白鹡鸰 *Motacilla alba*
在水域附近，你可能会看到一只黑白分明的鸟儿呈波浪形飞过或是站在地面有节奏地上下抖动尾羽，这就是白鹡鸰。它们夏天来到北京繁殖，秋天就要迁往南方。

托氏兔 *Lepus tolai*
夏天来临，刚刚长大的托氏兔也慢慢从兔子洞里探出了脑袋，探索外面的世界。

山花指南

夏天是进山观花的好时节。此时的百花山、东灵山，各种野花遍地开放。欣赏它们最好的方式是了解它们的名字和特征，通过相机记录也是非常好的方法。但可别因为野花美丽，就随意采摘。

狭叶红景天
Rhodiola kirilowii

银莲花
Anemone scathayensis

勿忘草
Myosotis alpestris

胭脂花
Primula maximowiczii

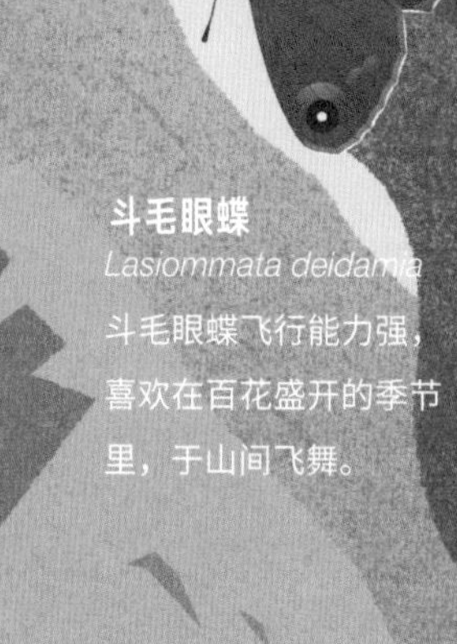

斗毛眼蝶
Lasiommata deidamia
斗毛眼蝶飞行能力强，喜欢在百花盛开的季节里，于山间飞舞。

大斑啄木鸟
Dendrocopos major
夏天是啄木鸟育雏的好时节。眼前的大斑啄木鸟正在喂养自己的雏鸟。

北红尾鸲
Phoenicurus auroreus
北红尾鸲常常停在低矮的树枝或凸出的岩石上观察地面，寻找昆虫。雄鸟艳丽的红色腹部和腰部十分引人注目，黑色翅膀上的三角形白色翅斑也非常醒目。

西伯利亚狍
Capreolus pygargus
炎热的夏天，西伯利亚狍喜欢躲在阴凉的树荫下活动。

山间蝶影

野花的盛开伴随着蝴蝶的飞舞。夏季虽不是观鸟的最好时节，却是野外赏蝶的最佳时期。

北京山区分布着许多城内难得一见的蝴蝶种类。其中喇叭沟门是最值得一游的胜地。

琉璃蛱蝶
Kaniska canace

艳灰蝶 *Favonius orientalis*

珞灰蝶 *Scolitantides orion*

大紫蛱蝶
Sasakia charonda

秋的山林

秋天的森林里越发忙碌。在这个代表着成熟与收获的季节里，所有动物都在为即将入冬而做准备了。

黄鼬
Mustela sibirica
秋天来临，新一代黄鼬达到性成熟，都出来捕食了。

灰头绿啄木鸟
Picus canus
繁殖期过后的啄木鸟脱离了育雏期的家族群活动，重新恢复了单独或成对活动。

貉
Nyctereutes procyonoides
貉具有冬眠的习性，在秋天会大量寻找食物进食，以迎接接下来的冬眠。

山蘑图鉴

被称为“红蘑”的色钉菇和被称为“肉蘑”的点柄乳牛肝菌最受山民欢迎，这两种蘑菇是很美味的食用菇。但在野外看到的大多数蘑菇都不可食用，没有十足的把握，千万不要轻易尝试。

点柄乳牛肝菌
Suillus granulatus

色钉菇
Chroogomphus rutilus

肉褐鳞小伞
Lepiota brunneo

致命白毒伞
Amanita verna

珠颈斑鸠
Streptopelia chinensis

相比于那些迁徙的候鸟来说，身为留鸟的珠颈斑鸠就显得从容多了，它在树间飞行，享受着金黄色的美景。

丽斑麻蜥
Eremias argus

秋季的丽斑麻蜥活动十分规律，活动高峰主要集中在上午9～12时和下午2～4时。

松鼠
Sciurus vulgaris

松鼠（北松鼠）在秋天里最为忙碌，它将松果储藏在地面的不同地方，以确保自己顺利过冬，并在第二年成功繁育后代。

东北刺猬
Erinaceus amurensis

秋天的觅食是有冬眠习性的动物沉睡前的狂欢。东北刺猬也不例外，躲避着天敌——黄鼬的同时，它小心翼翼地寻找着食物。

果实采集大作战

秋天是采集果实的好时节。栗、柘和酸枣在秋天纷纷成熟，它们都是原生于华北地区的植物。良乡是著名的产栗地区；柘的果实可生食或酿酒，叶可养蚕；而酸枣是枣的野生品种，食用历史更加悠久。

冬的山林

冬天的森林被大雪铺上了厚厚的白色"被子"。大部分动物早就进入了冬眠的状态，而有一部分动物仍然活跃在雪地里。冬天也是一个很好的观察时节，大雪让在雪地里活动的动物更易于辨认。

金雕 *Aquila chrysaetos*

金雕通常单独行动，但有时候会结成小群体共同捕猎。

赤狐 *Vulpes vulpes*

大雪封林的时候最显眼的就是那火红的狐狸。

托氏兔 *Lepus tolai*

冬天，兔子躲在洞里不轻易出去，因为它们在厚厚的雪地上跑不快，很容易成为狐狸的猎物。

中华鬣羚 *Capricornis milneedwardsii*

冬天来临，长相奇特的中华鬣羚会从高海拔的峭壁区来到森林中寻找食物。

雪地迷踪

雪地留下了动物们活动的痕迹，不同的动物在雪地上留下的足迹各不相同，让我们的探寻变得有迹可循。你从这些足迹能发现什么动物呢?

野猪的足迹

野猪的蹄有四趾，会在雪地或泥地上留下两大两小的对称脚印。

西伯利亚狍的足迹

鹿科的西伯利亚狍蹄为两趾，足迹形状顶部尖、底部圆。

托氏兔的足迹

托氏兔的足迹很容易辨认。前肢留下的小足迹配搭着后肢留下的左右两边的大足迹。

黄鼬的足迹

黄鼬会在雪地留下一连串细碎的足迹，较鼠类的足迹大一些。

环颈雉的足迹

“小箭头”般的密集足迹是环颈雉跑过的证据。

知识卡片索引

跟着页码索引跳转到下一个知识卡片！

如何使用知识卡片索引

知识卡片将同类型生物的知识聚焦在一起。不同的造型和不同的颜色代表不同的生物类型。根据卡片的页码索引，可在同类型卡片内容中实现跨页面跳转，阅读感兴趣的生物知识。

植物卡片

第一册

第二册

第三册

哺乳动物卡片

第二册

第三册

鸟类卡片

第一册

第二册

第三册

节肢动物卡片

第一册

第二册

鱼类及两栖动物卡片

第一册

第三册

物种索引

哺乳动物

鸟类

两栖及爬行动物

昆虫

物种索引

鱼类

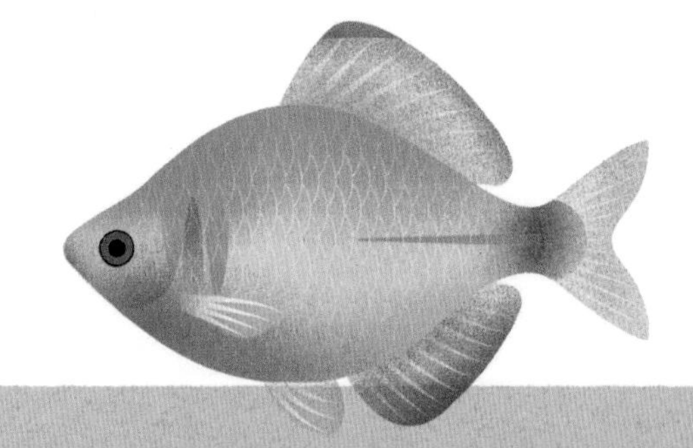

其他动物

植物

图书在版编目（CIP）数据

在郊野 / 刘几凡，余明伟著. -- 北京：北京联合出版公司，2020.6

（城市自然故事·北京）

ISBN 978-7-5596-4074-1

Ⅰ. ①在… Ⅱ. ①刘… ②余… Ⅲ. ①动物－北京－少儿读物②植物－北京－少儿读物 Ⅳ. ①Q958.521-49 ②Q948.521-49

中国版本图书馆CIP数据核字（2020）第043113号

在郊野

作　　者：刘几凡　余明伟
联合策划：北京地理全景知识产权管理有限责任公司
策划编辑：乔　琦
特约编辑：林　凌
责任编辑：牛炜征
营销编辑：唐国栋
特约印制：焦文献

北京联合出版公司出版
（北京市西城区德外大街83号楼9层　100088）
北京联合天畅文化传播公司发行
北京华联印刷有限公司印刷　新华书店经销
字数：60千字　889毫米×1194毫米　1/16　印张：5.5
2020年6月第1版　2020年6月第1次印刷
ISBN 978-7-5596-4074-1
定价：79.00元

本书若有质量问题，请与本公司图书销售中心联系调换。电话：010-82841164　64258472-800